北京
全国优秀畅销书
中国农业出版社

观赏鱼 石明 主编

七彩神仙鱼

家庭观赏鱼系列

图书在版编目（CIP）数据

七彩神仙鱼 / 刘雅丹，白明主编 . -- 北京：中国农业出版社，2023.3
（家养观赏鱼系列）
ISBN 978-7-109-30490-1

Ⅰ.①七… Ⅱ.①刘… ②白… Ⅲ.①观赏鱼类－鱼类养殖 Ⅳ.①S965.8

中国国家版本馆CIP数据核字(2023)第037810号

七彩神仙鱼
QICAI SHENXIANYU

中国农业出版社出版
地址：北京市朝阳区麦子店街18号楼
邮编：100125
策划编辑：马春辉　　责任编辑：马春辉　周益平
责任校对：吴丽婷
印刷：北京中科印刷有限公司
版次：2023年3月第1版
印次：2023年3月北京第1次印刷
发行：新华书店北京发行所
开本：710mm×1000mm　1/16
印张：6
字数：100千字
定价：48.00元

家养观赏鱼系列丛书编委会

主　　编：刘雅丹　白　明

副主编：朱　华　吴反修　代国庆

编　　委：于　洁　邹强军　陏　然　张　蓉　赵　阳

　　　　　单　袁　张馨馨　左花平

配　　图：白　明

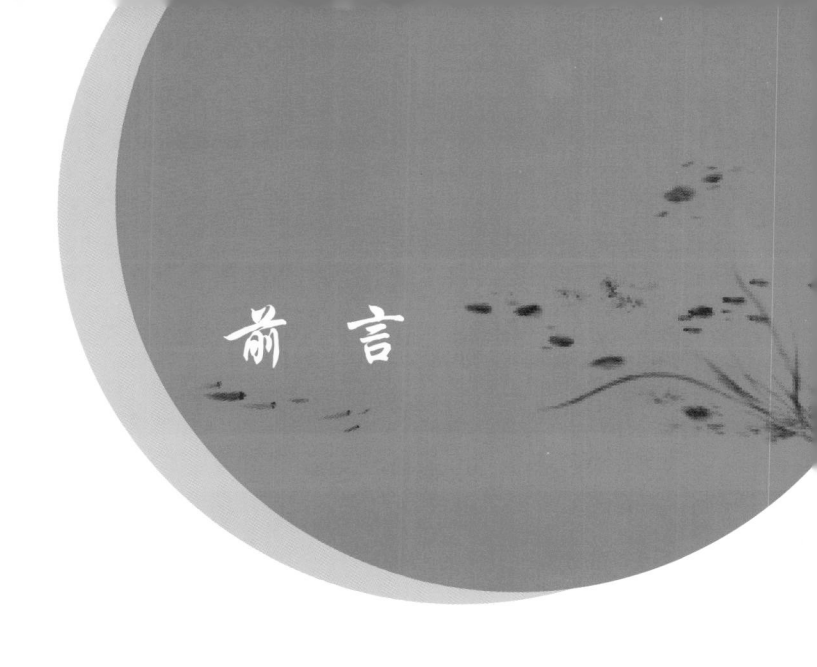

前言

　　一百多年来，世界水族业飞速发展，迄今为止至少有两千种以上的鱼类被用于观赏。其间不知道有多少种观赏鱼曾经风靡一时，也不知道有多少观赏鱼已经被人遗忘，可谓是你方唱罢我登场，长江后浪推前浪。与众不同的是，在世界观赏鱼舞台上，人们对七彩神仙鱼的喜爱却始终不见衰退。一代代观赏鱼爱好者接触它、认识它。只要一提起热带鱼，人们往往第一联想就是这种在水草丛中悠然穿梭，美丽得拔尘脱俗的鱼类。

　　七彩神仙鱼性格文静、体态高雅、游姿优美、动作潇洒，拥有修长而飘逸的背鳍、臀鳍、腹鳍，在水中忽升忽降，忽进忽退，飘若神仙；七彩神仙鱼的体色丰富多变、花色繁多、美不胜收，其变幻不定的七彩足以让人们想起那披着彩虹的神仙；七彩神仙鱼的体形奇特，圆盘形的身姿，却配上一对犹如美丽的飘带般柔软而细长的腹鳍。

如此美妙的鱼儿，有人称之为"热带观赏鱼之王"，有人称之为"观赏鱼中的皇后"，由此我们可以得知，七彩神仙鱼是热带观赏鱼中最为璀璨的明珠。感悟七彩神仙鱼的经典与永恒，我们不仅从名字上可以想象这能把七色彩虹瞬间之美赋予生命的鱼有多美；我们还可以体悟到在其短暂的一生中，活出神仙的悠然自得，活出神仙的美轮美奂，那是一种多么潇洒的生命！

七彩神仙鱼是普通而深入人心的鱼，无论达官显贵还是布衣平民，它都可以与之泰然相处；七彩神仙鱼是绚丽而长久的鱼，无论瞬间之美还是经典永恒之美都能在其身上体现。让我们把这美丽的七彩神仙鱼请回家，愿我们的生活有它相伴，多姿多彩、幸福快乐；让我们的精神与之相伴，远离纷争、云卷云舒；让我们的生命与之相伴，朴实无华却精彩脱俗。

编者

2022 年 12 月

目　录

识鱼篇

　　七彩神仙鱼是热带观赏鱼中最为璀璨的明珠，有"热带观赏鱼之王""观赏鱼中的皇后"的美称。

 何方游来了七彩神仙鱼

探秘七彩神仙鱼美丽的故乡 〉〉〉

　　七彩神仙鱼属南美品种，栖息在主要环绕着巴西、哥伦比亚和委内瑞垃的亚马孙河流域。亚马孙河北起圭亚那，南至巴西高原，西起安第斯山脉，其流域是地球上最大的热带雨林区。流域全长 6400 多公里，占地 700 万平方公里，拥有大大小小的支流上百多条，平均注入大西洋的出水量为 200000 立方米/秒，占全世界河流注入海洋总水量的 1/6，是名副其实的世界第一流量的大河。

　　七彩神仙鱼的栖息地就在这片广大的热带雨林的河流中，而这些河流大多起源于安第斯山脉。这些河流依据水的颜色可分为白色、黑色和清澈三类。最著名且最大的白色河流是亚马孙河下游，清澈的河流有里欧持帕耶和里欧克什格河，而黑色河流则为里欧尼格罗和里欧库奴河。

七彩神仙鱼原生地微微发黄的酸性水质

蜿蜒平缓的亚马孙河支流是七彩神仙鱼的故乡

　　据考察，亚马孙河水系大致上由三种不同的水质水系所形成。在亚马孙河主流的北侧，发源于圭亚那高地的河川，pH 在 4.0～5.5，为酸性水质，硬度很低，这个水域含有若干种褐色的有机酸，就是所谓的黑色水系地带，黑格尔七彩神仙鱼便分布于此水域。

　　亚马孙河流域东边出海口，靠近贝伦的地方，现在仍可以看到许多野生的棕色七彩神仙鱼，在申古河的支流，就常可捕获到野生的棕色七彩神仙鱼。靠近 25 公里宽的塔帕索斯河入海口的桑塔伦，有许多野生的棕色七彩神仙鱼和一些野生的蓝色七彩神仙鱼。再往上游走去，就可看到马瑙斯镇，尼格罗河也在此注入亚马孙河，在这里可以发现野生的黑格尔和野生的绿色七彩神仙鱼。在靠近马瑙斯的马拉卡普路湖中，常可捕获野生的蓝色七彩神仙鱼，并且其中不乏珍品——野生皇室蓝七彩神仙鱼。

　　沿亚马孙河而上，可以看到因多年来捕获七彩神仙鱼而闻名的小镇特菲，通常认为在这里所捕获的七彩神仙鱼，是野生鱼种中色彩最为完美、细致的野生鱼。在黎得西亚所捕获的野生七彩神仙鱼，就似乎不如马拉卡普路湖中捕获的那般色彩鲜艳、强烈。但巴西境内的班杰明坎斯特常有棕色、蓝色、绿色七彩神仙鱼出没，尤

野生蓝七彩神仙鱼

其是野生的绿色七彩神仙鱼几近纯粹的绿蓝色调，而且红斑点遍布鱼体，十分美丽。亚马孙河流域的北边，在特罗贝塔斯河里，可以发现野生的黑格尔及野生的蓝色七彩神仙鱼；在亚马孙河南边阿巴卡克斯河里，还发现了七彩神仙鱼的亚种，被专家命名为威利施瓦茨七彩神仙鱼；亚马孙河西部的伊披克斯那河，也捕获了许多野生的七彩神仙鱼。

七彩神仙鱼分布于亚马孙河流域。时至今日，这些人迹罕至的雨林地带，大部分尚未开发，而且许多地方只能靠小船或小型飞机才能到达，给亚马孙河平添了几分神秘色彩。因此，也是许多七彩神仙鱼爱好者十分向往的地方。

七彩神仙鱼如何游向人间 >>>

19 世纪 30 年代，英国进入维多利亚时代，在工业革命的推动下，大英帝国进入了巅峰时期。女皇派出了更多的船队到世界各地去商贸和探险，其中的自然研究者们将产自五大洲的许多动物、植物、矿物带回了英国。起初这些收获只用来研究，逐渐地，其中的一些成为皇家的收藏，再后来，对自然生物的收藏爱好推广到了整个英国乃至全欧洲，并形成了著名的自然博物馆风潮。神仙鱼就是那时候被人们所认识的，因为它有着和其他鱼不一样的高扁身体，很快就受到了爱好者们的重视。

最早被饲养的神仙鱼是普通神仙鱼（*Pterophyllum scalare*），它是 1823 年被发现的。其学名中的 pterophyllum 有"如羽毛般轻柔"的意思，而 scalare 则形容其体纹如阶梯一般。1853 年普通神仙鱼正式被驯养在当年建成的伦敦皇家动物园水族馆中。生活在欧洲的英国人都赞叹世界上竟然还有长成这种形状的鱼，神仙鱼一下子成了万人瞩目的大明星。随后，很多富豪权贵开始争相饲养它们，一些鱼类学家和爱好者开始摸索繁殖并改良这种鱼。到了 1900 年，我们现在仍能够看到的斑马神仙、云石神仙、白神仙已经被培育出来。人们可以用欧洲本地的河水来饲养神仙鱼了，因为它们被改良后已经完全适应了当地的水质。

1903 年法国鱼类学家 Jacques Pellegrin 在南美洲委内瑞拉境内的奥里诺科河发现了著名的埃及神仙鱼（*Pterophyllum altum*），这种鱼被当地人称为阿卡拉·班德伊拉（Acara bandeira）。Acara 是南美洲民间对慈鲷科鱼类的统称，bandeira 是葡萄牙文"旌旗"的意思。1910 年埃及神仙鱼的活体才出现在欧洲的动物园和研究院里，这些鱼很难捕捞，并且饲养也极其困难。很多人都在尝试着人工繁殖这种鱼，但此后近 30 年里没有人成功。

第二次世界大战以后，民用航空得到了发展，人们开始迫不及待地想从南美洲将埃及神仙鱼空运到欧洲，因为它们太美丽了！比起普通神仙鱼来，它们的身体更高，颜色更鲜明，行为更幽雅，而且霸气十足，当时被誉为观赏鱼中的帝王。从 1960 年开始欧洲逐步大量饲养来自委内瑞拉的埃及神仙鱼，但直到现在，能饲养且能繁育的爱好者仍凤毛麟角。

七彩神仙鱼改良和发展的 150 年　　　　　　　〉〉〉

七彩神仙鱼是 1840 年维也纳自然历史博物馆的鱼类专家兼分类学家约翰·雅各布·黑格尔（Johann Jacob Heckel）在南美探险时所发现，并正式定名为

Symphysodon discus 的鱼类。这就是后来所称的黑格尔七彩神仙鱼。至 20 世纪 80 年代，经过数代鱼类学家的努力探索，最终形成了七彩神仙鱼 2 种 5 亚种的分类法。

七彩神仙鱼的人工改良，重要贡献来自欧美（德国、美国）以及东南亚地区。

以欧美地区来说，据说早于 1935 年，有位美国的观赏鱼爱好者，因鱼缸内加温器偶然的故障使得水温下降而繁殖出了棕五彩，此后有另一位美国人改良而固定出

黑格尔七彩神仙鱼

约翰·雅各布·黑格尔博士

酷瑞皮亚蓝七彩神仙鱼的雌鱼因为具有鲜红的外表，是人们追捧的新宠

直到今天在人工环境下繁殖野生黑格尔七彩神仙鱼依然是非常困难的事情

大群的野生绿七彩神仙鱼将成为紧俏的商品

了浅蓝色七彩。不过一般认为，最初问世的固定品种是 1968 年杰克·瓦特里的松石（蓝绿）七彩鱼。此鱼是杰克于 1963 年、1965 年两次亲自冒险到亚马孙河，精选最优良的野生种鱼改良固定出来的。1980 年此鱼首次问世时，全身展现出深厚且鲜艳的蓝色，与以往所有的七彩神仙鱼都大为不同，极为美丽，并轰动一时。

而在亚洲地区，早在 20 世纪 50 年代中期，中国香港地区就盛行棕五彩的繁殖。这种只在头额部以及鱼鳍上布有少数短小蓝色条纹的神仙鱼，身侧全为棕色，被称

为五彩神仙的棕五彩（当时还未有体侧变红的五彩神仙如伊撒红或亚莲卡红），后来与较多蓝色条纹的蓝七彩神仙鱼交配，人们得到了蓝色条纹多且较长的子代鱼，这些鱼才被称为七彩神仙鱼。

20世纪70年代后期，七彩神仙鱼跃升为热带观赏鱼界的主流鱼种，至80年代欧美的蓝绿色松石七彩神仙鱼登场，观赏鱼领域就出现了七彩神仙鱼风靡的情况。

皇室蓝七彩神仙鱼是早期人们追捧的品种

七彩神仙鱼的分类

七彩神仙鱼的外部形态　　　　　　　　　　　>>>

　　七彩神仙鱼是堪与金鱼和锦鲤相媲美的观赏鱼类中的一大家族，英文名Discus，直译为"铁饼"，是生物学上对圆盘状物的描述词。七彩神仙鱼在分类学上属于鲈形目（Perciformes）丽鱼科（Cichlidae）盘丽鱼属（*Symphysodon*）。

　　七彩神仙鱼侧扁圆盘形，成鱼体长可达20厘米，肉食性，可摄食水蚯蚓、小鱼虾、水生昆虫幼虫等。人工繁殖的七彩神仙亲鱼1龄可成熟产卵，有择偶繁殖习性，孵化出来的仔鱼需要吸食亲鱼体表黏液，状如哺乳，稍大才能索饵。

　　由于七彩神仙鱼生性清逸、品位高雅，素有"热带鱼之王"美誉，通常价格较昂贵；但由于其较高的养殖技术要求和神奇的繁育过程非常吸引人，使爱好者趋之若鹜，市场需求历久不衰。在当今观赏鱼世界中，从观赏品性、社会声誉、培育水平、历史轨迹和科技含量等方面综合评价，只有金鱼和锦鲤可与七彩神仙鱼相提并论。

　　七彩神仙鱼的圆盘形体虽然与通常所见的鱼类形体不同，但基本构造还是一样的，可分为头、躯干（身体）、尾三部分，在躯干的不同部位相应有背鳍、臀鳍、胸鳍和腹鳍。健康优质的七彩神仙鱼应当躯体饱满，整个身形接近圆形，加上张开的背鳍、臀鳍更像一个桃心。近年来随着繁殖技术的不断进步，已经培育出"高立"身形的七彩神仙鱼，鱼体更窄更高，比之桃心形更进一步，侧视近似一个鸭

> **小知识**　"七彩神仙鱼"这个名字只有中国和东南亚的爱好者使用，这种美丽的鱼在西方和日本被按其体型冠以"铁饼鱼"的名字。在业界，人们往往使用例如"七彩""绿（棕）七彩"或"黑格尔七彩"等简称。

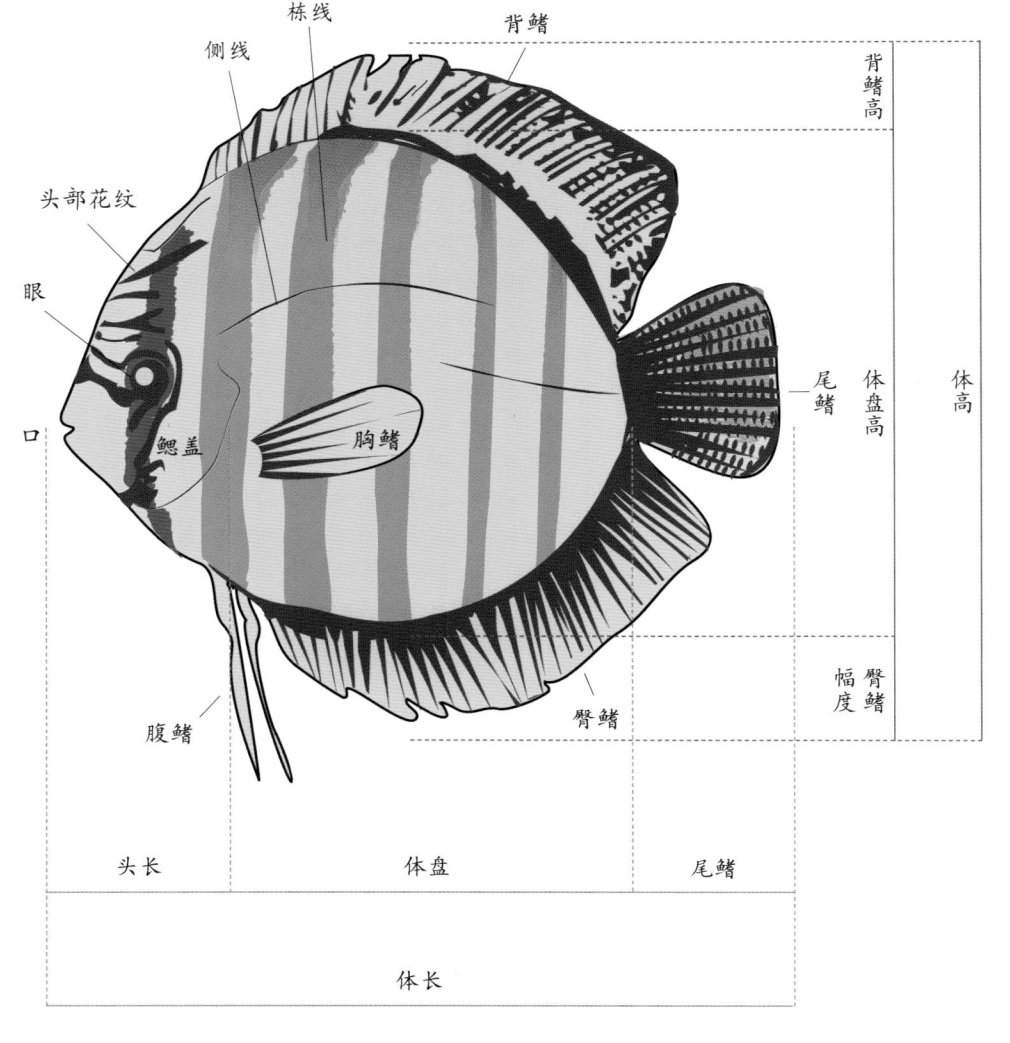

七彩神仙鱼的身体结构

蛋。此外，眼睛在七彩神仙鱼的审美上也起到一定作用，通常情况下眼睛越红的七彩神仙鱼越受到好评，如果是黄色眼甚至白色眼则视为不佳。

七彩神仙鱼品系 >>>

● 野生原种

野生原种七彩神仙鱼按目前认可的分类有 2 种 5 亚种。

1. 黑格尔七彩神仙鱼

学名：*Symphysodon discus* Heckel，1840

英文名：Heckel Discus fish

体长：18～22 厘米　　体高：17～22 厘米

自然分布：亚马孙水系北面的内格罗河（Rio Negro）及其支流。

饲养历史：1840 年被命名，1930 年引进到美国，1958 年引进到德国。1960 年后人工繁殖成功。

血统后代：蓝松石应当含有它的血统。

黑格尔七彩神仙鱼是最早命名的原种七彩神仙鱼。1840 年，奥地利维也纳自然历史博物馆的动物分类学家约翰·雅各布·黑格尔（Johann Jacob Heckel）第一次确定七彩神仙鱼的学名为 *Symphysodon discus*，后来人们把这种鱼称为黑格尔七彩神仙鱼。

由于不同地域分布的同种鱼有所差别，有人为了强调差别就为其冠上产地名称，如马代拉（Madeira）黑格尔七彩、亚巴卡西（Abacaxis）黑格尔七彩等。

黑格尔七彩的主要特征是体侧中央第五暗色纵带粗而黑，被称为黑格尔带或黑格尔栋（Heckel Bar）。此外，本种体侧有许多细长水平条纹分布，其颜色因产地不同而异，有灰蓝色、亮蓝色、松石（绿蓝色）色等。眼睛多为暗褐至深橙红色。

黑格尔七彩神仙鱼适应偏酸性的软水，其原栖息地水体pH范围为 3.2～4.8，人工养殖后，良好个体对水质的适应程度得到提高。实际上，经过多年选育后，普通饲养者已经可以直接采用软化处理的pH6.0 左右的自来水来饲养七彩神仙鱼。不过，如果饲养野生鱼及其后代，还是调配偏酸性水为佳。

2．威利施瓦茨七彩神仙鱼

学名：*Symphysodon discus* Willschwartzi Burgess，1981

英文名：Willschwartzi Discus fish

体长：18～22厘米　　体高：17～21厘米

自然分布：亚马孙水系南部的马代拉河（Rio Madeira）。

饲养历史：饲养历史与黑格尔七彩类似，但1981年前没有定名，都视为黑格尔七彩神仙鱼的不同地域类型。

这是黑格尔七彩神仙鱼的一个亚种，出产于亚马孙水系南部的马代拉河。此种鱼与北方出产的黑格尔七彩外观上很难区别，唯一可见的差异是侧线鳞片数量明显不同：普通黑格尔七彩神仙鱼是48～49片，而威利施瓦茨七彩则是55～56片。当然，对于鳞片本身就比较细小的七彩神仙鱼来说，这样的区别并非值得一提，同

威利施瓦茨黑格尔七彩神仙鱼

时从观赏性来说，两种黑格尔七彩神仙鱼也是不分伯仲，尤为方便的是，虽然两种鱼的产地有差别，但其饲养条件包括水质和水温的要求是基本相同的。

3. 绿七彩神仙鱼

学名：*Symphysodon aequifasciatus* Haraldi Schultz, 1960

英文名：Green Discus fish

体长：18～22厘米　　体高：17～22厘米

自然分布：从秘鲁的普图马约河（Putumayo）至亚马孙中游的泰非（Tefe）河。

饲养历史：1904年被活体引进到美国，1958年前后引进到德国。1964年前后由Dr.E.schmidt Focke的夫人成功繁殖。

绿七彩神仙鱼主要分布于秘鲁的普图马约河至亚马孙中游的泰非（Tefe）水域，其中普图马约河出产的鱼体侧具有大量红棕色斑点，而泰非出产的鱼体侧具有多条竖条纹。红色眼睛是绿七彩的重要特征之一，鱼体底色常为偏黄棕或亮棕色，配以大面积绿色基调的细长水波纹，鳍上通常有较为明显的黑框。不过绿七彩的水波纹通常在臀鳍部分表现散碎，与蓝七彩的延续条纹形成对照。所谓"皇室绿"（Royal Green）则专指绿色波纹或红色斑点多且鲜明的个体。

绿七彩神仙鱼

4．蓝七彩神仙鱼

学名：*Symphysodon aequifasciatus* Haraldi Schultz，1960

英文名：Blue Discus fish

体长：18 ～ 22 厘米　　体高：17 ～ 22 厘米

自然分布：普鲁斯河、马拉卡普路湖及秘鲁、班哲明康斯坦等地。

饲养历史：1950 年由探险家 Dr.Harald Schultz 发现并命名，同时输入欧洲。
1961 年，野生蓝七彩被史密特·霍克医生繁殖成功，并开始进行人工改良。

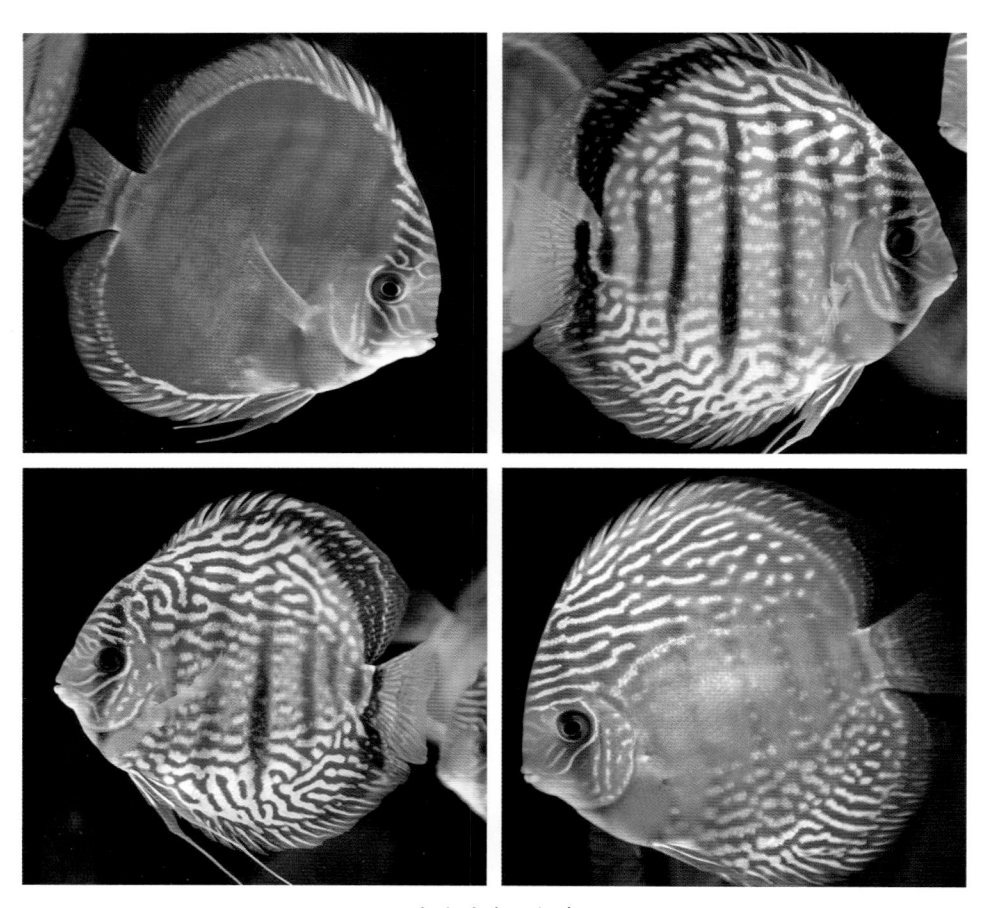

不同产地的蓝七彩神仙鱼

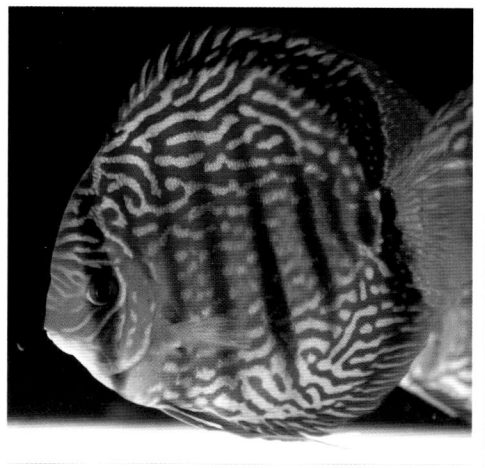 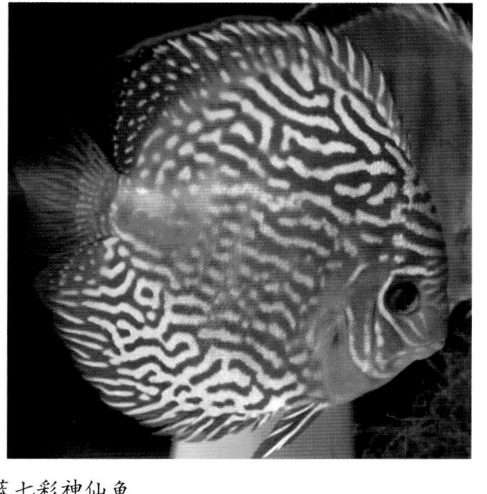

不同产地的蓝七彩神仙鱼

　　蓝七彩神仙鱼主要分布于亚马孙中游河段的各支流中。鱼体底色多具红棕颜色，在头部到背鳍基部和臀鳍周围有一些美丽的蓝色条纹。条纹完整美丽的个体被称为"皇室蓝"（Royal Blue），往往是鱼群中的领袖，其体形饱满，数量稀少，被视为高贵品质，在育种上倍受重视。

　　区分蓝七彩、绿七彩的方式很多，比如可以看眼睛：蓝七彩的眼睛是橙红色或橙黄色，绿七彩则是颜色鲜红。当然，最简单的区分方法还是看纹路：蓝七彩身上全部是条状纹路，绿七彩则以花点状居多。

5. 棕七彩神仙鱼

学名：*Symphysodon aequifasciatus axelrodi* Schultz，1960

英文名：Brown Discus fish

体长：18～22厘米　　体高：17～22厘米

自然分布：巴西桑塔伦（Santarem）附近的亚马孙河水域，包括著名的阿莲卡（Alenquer）地区与伊撒河（Rio Ica）等水域。

血统后代：具有棕七彩神仙鱼血统的人工品种繁多，大多数红色系的如红妃、一片红以及黄金、阿莲卡等都是棕七彩的直系变种，鸽子系和红松石具有棕七彩的血统。

饲养历史：棕七彩神仙鱼是最早被活体贸易、饲养的七彩神仙鱼。据说，1935

年，有位美国人在鱼缸内加温器偶然故障使得水温下降的情况下繁殖出了棕七彩。

棕七彩神仙鱼以前也叫五彩神仙鱼，是最普遍而常见的品种，主要分布于圣塔伦（Santarem）附近，包括著名的阿莲卡（Alenquer）与伊撒河（Rio Ica）等水域。

野生棕七彩身上条纹很少，通常只散见于头部及背鳍、臀鳍的边沿上，体盘侧面亦极其朴素，大多是浅棕色，顶多发展为棕黄色。这种七彩神仙鱼随着年龄的

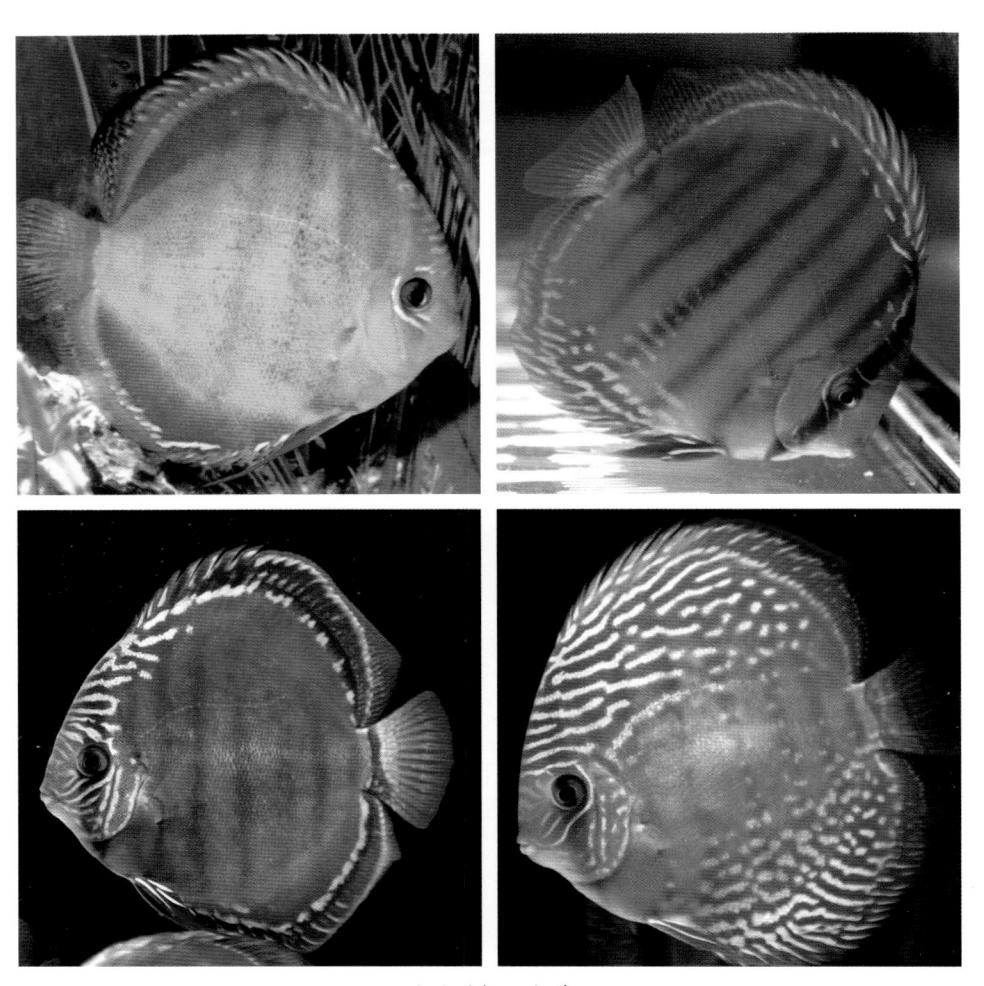

不同产地的棕七彩神仙鱼

七彩神仙鱼

增长，头背部仅有的蓝纹也会越来越暗淡，完全没有任何艳丽的趋势。这种独特的原生鱼虽然色彩平实，特点过于单一，但从体型上来说，高大魁伟的野生棕七彩的气势完全不输其他七彩神仙鱼，其饱满丰厚的体型是蓝、绿七彩完全无法比拟的。这样一种粗犷的巨人之美，其实更加凸显了野性亚马孙河的壮丽蛮荒，别有一番品位。

另外值得一提的是，著名的阿莲卡红七彩和依卡红七彩曾经也被当作是棕七彩系列的精品，但实际上这是将普通棕七彩以次充好的山寨货。棕七彩就是棕七彩，它没有任何夸张的变异。那些通体血红的阿莲卡——我们现在也称为"红系七彩"，其实是红底色极度扩张的蓝纹七彩的变异，称其为"红系蓝纹七彩"可能更恰当。

美丽的马瑙斯小镇是野生七彩神仙鱼的重要集散地

人工繁育的七彩神仙幼鱼

● 育种品系

七彩神仙鱼之所以有着如此炫丽的外表，与大多数美丽的原生鱼类一样是由于天然的鳞片色素沉积。然而，不同物种——甚至是不同亚种之间的七彩神仙鱼竟然有如此大的表现差异，无疑是表明了这种鱼类的基因——起码是色素基因拥有着极其可观的弹性空间。

人类对于原生鱼类的基因弹性可以说从来没有"放松"过，千姿百态的金鱼和色彩斑斓的锦鲤都说明了人类对于改造它们是多么的热衷，同样地，七彩神仙鱼多变的体色也令玩赏家们深深地痴迷。大自然赋予了野生七彩丰富而富有"弹性"的色素基因，各路七彩神仙鱼的爱好者、繁殖者、培育者正在想尽办法挖掘出这些基因的潜力，将各种神奇变换的组合方式表现到鱼儿的身上，松石、鸽子、豹点、蛇纹、万宝路、一片蓝、天子蓝……这些美丽得让普通人往往无法想象的纹彩如今已一一展示在七彩神仙鱼身上，它们那扁平的、仿佛天生就是作为画板而诞生的圆形侧身，已经被观赏鱼的艺术家们描绘上了层层浓墨重彩。

随着各路业者的不断努力，相信这幅画布上的作品还会有更加美妙的图景。不过在此之前，还是让我们先来认识一下七彩神仙鱼已经馈赠给我们的品种。

1. 条纹松石七彩神仙鱼系列

（1）蓝松石七彩神仙鱼

英文名：Blue Turquoise

体长：16 ～ 20 厘米　　体高：16 ～ 20 厘米

蓝松石七彩神仙鱼是最为人们熟知的人工繁育的七彩神仙鱼，无论是当初人工七彩神仙鱼刚刚风靡市场，还是如今市场已经成熟稳定的时代，"蓝松石"三个字都是七彩神仙鱼里标杆性的存在。

蓝松石七彩神仙鱼其实和普通的野生蓝七彩非常相似，纯蓝色的条纹遍布全身，

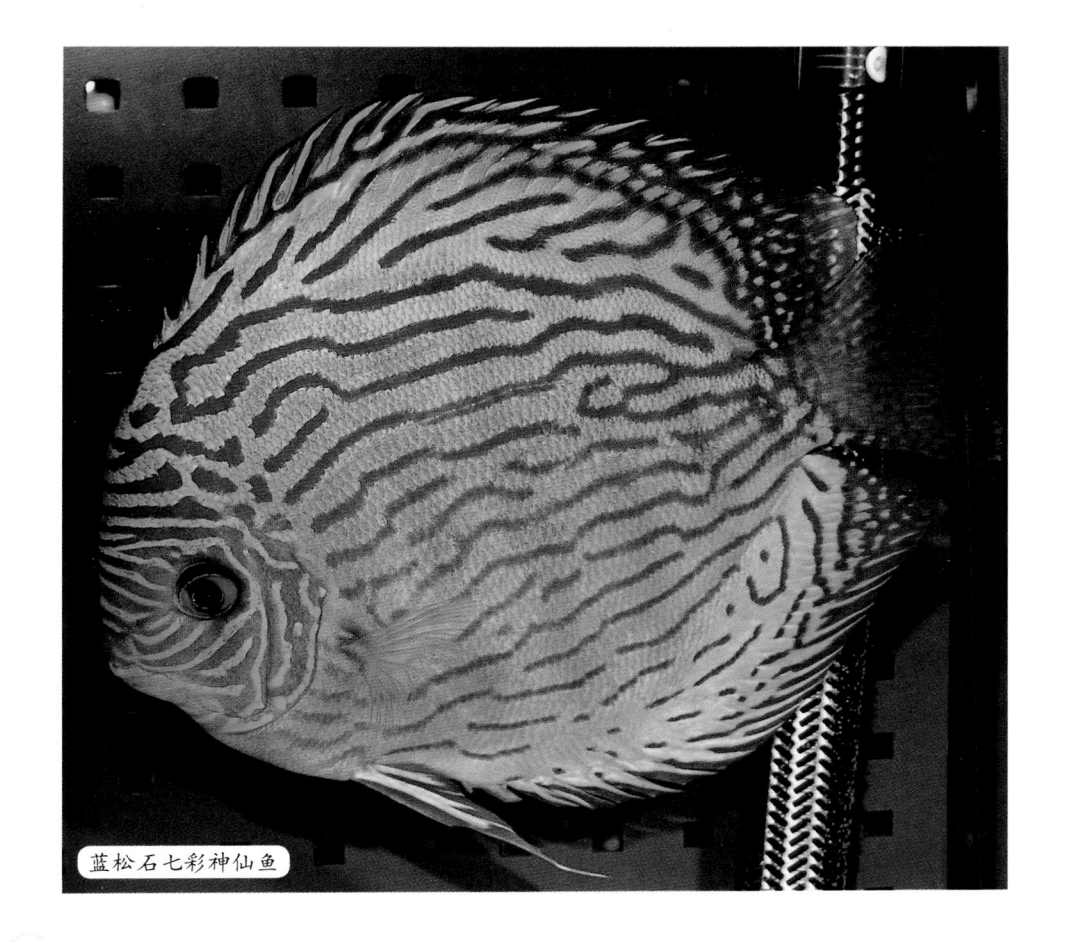

蓝松石七彩神仙鱼

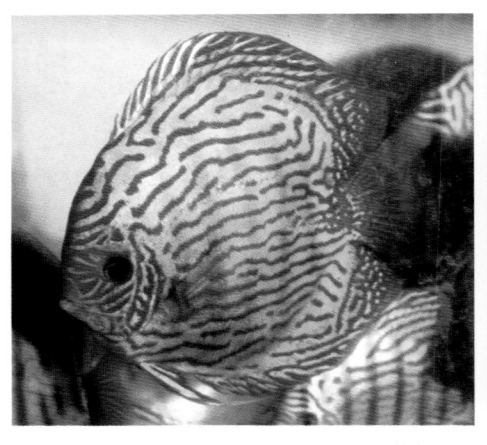

蓝松石七彩神仙鱼

配以肉色至黄棕色的底色，腹鳍则以蓝色为主，掺杂一些黄色。鱼上鳍及下裙都有清晰向上及向下的条纹，上鳍末端及下裙末端都有一格格花纹，额头及鳃部也呈现条纹。

（2）红松石七彩神仙鱼

英文名：Red Turquoise

体长：14～19 厘米　　体高：14～20 厘米

事实上，蓝松石七彩神仙鱼之所以最早人工繁殖且流行，正是因为它源于野生蓝七彩的血统，可以说"方便快捷"。野生蓝七彩，正如我们前面所说，它的条纹未必都那么好看，只有被称为"皇室蓝"的少数品种拥有从头到尾的纵观纹线。人类以这样的"皇室蓝"为基础培育得到的蓝松石，才是我们今天见到的样子。然而蓝松石七彩的弱点在于它的底色——并非那么艳丽的普通棕色，这很可能是繁育过程中引入黑格尔七彩的血统，甚至是野生原种中就已经混杂了野生黑格尔七彩的血统——这两种鱼的生存地域互有重叠，相互杂交是再正常不过的事情。

随着近代观赏鱼业的不断兴起，松石七彩的底色被越来越多的人关注，"追求鲜艳红底色"的想法便应运而出，人类开始着手培育以明亮的红蓝双色为观赏点的新型松石神仙鱼——红松石七彩神仙鱼。红松石七彩神仙鱼的培育借助了野生红系七彩的血统——曾经大家认为那是棕七彩，但一如前文所述，那是不折不扣的蓝七彩：即红色显色极为突出的蓝七彩血统。这样的杂交立竿见影，极大提高了松石七彩神仙鱼底色的红艳，可以说是从蓝松石七彩鱼演化而来并有了进一步的提高。现

红棕色七彩神仙鱼

在我们见到的红松石七彩神仙鱼早期都是由德国传入的，经过多代繁殖、改良，演变成今天我们所见到的千变万化的红松石七彩神仙鱼系列。更加值得玩味的是，由于红松石系列都是杂交鱼，每个繁殖者都有自己的一套理念，所以我们今天看到的这个系列并不是死板的统一规格，而是各有各的特色，有的注重改良条纹图案，有的注重蓝绿条纹的颜色，但同样不变的是全部提高了红底色的改良。

2. 绿七彩神仙鱼系列

（1）绿松石七彩神仙鱼

现在提到绿松石七彩多数人会直接想到蓝松石七彩从市场的流通概念来看，这种观点是正确的，因为我们通常提及的绿松石其实就是蓝松石里面条纹显现蓝绿色的个体。而我们在这里要更换一个概念：即直接从野生绿七彩里派生出来的人工繁殖的七彩鱼。

绿松石七彩神仙鱼

对野生绿七彩的关注度似乎总也不如野生蓝七彩甚至黑格尔七彩神仙鱼高，但其实野生绿七彩的表现也是有很多的，其中的精品即所谓的"皇室绿"，不仅有侧身红点丰富的个体，也有如皇室蓝一般头尾纵贯波浪线的美丽条纹型，而此种鱼人工繁育的后代，虽然不会像原种一样拥有完美的条纹，但也会是以绿色条纹为主体的花纹类型，我们可以姑且将这些鱼称作真正的"绿松石"。而点、线纹路的绿色七彩，特别是表现普通的个体，并没有得到自己的名字，即使是人工繁育后也只称为"绿七彩"，或干脆还有部分继续以野生绿七彩的名义在市场流通。

以上两种七彩鱼，无论是纯血统的绿松石还是普通绿七彩，市场流通量都不是很大，其原因有很多，但无论如何，绿七彩的身形不太高大，体型较长，不是完美的圆形（或心形），所以人们更多的是追求它鲜艳的体色，而将它作为基础鱼种进行杂交。我们今天熟知的很多大名鼎鼎的高端七彩品种都离不开绿七彩的基因，可以说它那温暖的柔黄底色和鲜艳的红点就像是点缀在白色蛋糕上的明丽果酱，实在是锦上添花的精彩一笔！

（2）红点绿七彩神仙鱼

红点绿神仙鱼是近年来非常火热的七彩品种。作为为数不多的由绿七彩纯血统培育出来的人工七彩神仙鱼，红点绿可以说是独当一面的当家台柱子。而仅凭着一个品种就可以在观赏鱼界风起云涌的绿系七彩神仙鱼，也用红点绿明明白白地告诉了我们什么叫以一当百、重质不必重量。

说起红点绿七彩神仙鱼，就不得不提到七彩培育业中一位传奇性的人物施密特·霍克。他当年得到了一对堪称经典的野生绿七彩神仙鱼，一条是百里挑一的红点遍布全身的"皇室绿"，另一条则是我们前文所说条纹纵贯头尾的蓝七彩样的珍贵绿七彩。施密特将这两条鱼杂交，得到的子代又分给另外几位知名大玩家，而其中同样传奇的香港劳氏则用这一子代继续繁衍，终于培育出了今日令人眼界大开的红点绿七彩神仙鱼。

红点绿保留了野生绿七彩的全部特征：鲜红的眼睛，略显长方的身体，鲜明的九栋线赫然垂立。当年劳氏对红点绿的描述和评判是："有许多细密的红点构成各种花式图案分布在身体的中间，额头及背部还有少部分线条存在的绿色七彩，其

红点绿七彩神仙鱼

形成的线条及细红点所组成的花纹图样很协调。如红点数量少，局部又不够密，没条纹去填补空间则很难构成美丽的图案；如红点多，单个点的面积过大，条纹较少也会觉得太单调。所以要有适当的红点数及条纹形成协调性的美才是优秀的红点绿。"

如今，对于红点绿七彩神仙鱼的爱好者来说，除了红眼、细点、条纹的搭配之外，鲜黄的底色也是众人追捧的特性之一，这样的颜色让整条七彩神仙鱼看上去更加温柔优雅，光芒之处又不会太过招摇，气质高雅，十分有风度，难怪会被爱好者们称为"最高贵的七彩鱼"。

3. 蛇纹七彩神仙鱼系列

（1）蛇纹七彩神仙鱼

蛇纹七彩是 20 世纪 90 年代初期培育出的新品种，及至今日已被繁殖家们发扬光大。有趣的是，这么美丽的七彩神仙鱼当初并不是定向培育出来的，它是一个由于偶然的机会被繁殖家"慧眼识珠"挑选出来的新品种。

说到蛇纹七彩就要提及我们之前所说的红松石七彩。当年红松石七彩在市场上红极一时，各个繁殖厂家竞相引种、培育，而在 1992 年前后，泰国的一个繁殖场

蛇纹七彩神仙鱼

蛇纹七彩神仙鱼

无意之中繁育出一批纹路十分细密的小鱼，和当时的普通红松石看上去差别很大。这批小鱼被一位繁殖家全部购进，并有意保留其性状，不断选育提纯，最终出现了真正意义上的蛇纹七彩神仙鱼。

蛇纹七彩神仙鱼以其常见的蓝色或红色的底色，在市场上被分为"红蛇""蓝蛇"等。蛇纹七彩，因为是由红松石七彩演变而来，所以完全可以期待其高耸的体形和宽大的身板。一条巨人样的七彩神仙鱼，配合令人眼花缭乱的细蛇纹路，谁不想拥有这样的一条鱼呢。

由于蛇纹七彩神仙鱼多样的纹路变异，如今已产生了各式各样的复杂花纹图案，如珍珠式、蜘蛛网式、迷宫式及直纹式等。相信随着时代的发展还会有更多让人目不暇接的奇异组合出现在我们眼前。蛇纹七彩给我们最大的启示也许就是它被发现的原始动契机：要知道它只是从一群普通的红松石幼鱼里面不经意变异出来的，而繁殖家的当机立断才是这一血脉得以保存的最大原因。所以说，在人类培育观赏鱼的世界里，随时都可能发生让人意想不到的事情，只要我们随时保持一颗进取的心，对任何变异都不轻易放过并且有预想地去改良，才能使我们的观赏鱼事业繁荣发展，越走越远！

（2）红点蛇七彩神仙鱼

蛇纹七彩已经是足够让人惊艳的品种了，然而也许诸位想不到的是，它对于七彩神仙鱼繁育的贡献远远不只它的观赏性，也就是说，这类神奇的七彩神仙鱼在让

我们大饱眼福的同时，还在不遗余力地创造着更新、更美的鱼种！

蛇纹七彩之所以有如此重要的杂交功能，是由于其本身的遗传基因非常强势——亚洲的繁殖业者在频繁的、有意无意的杂交之后发现这种七彩神仙鱼的蛇形纹路非常稳定，几乎和每一种鱼杂交后都会很明显地留下痕迹。那么，如何在这细腻华美的纹路上增添更加动人的色彩呢？繁殖家们不约而同地想到了绿七彩，也就是当时已声名显赫的红点绿七彩。一如前文所述，这种漂亮的绿七彩之所以被人们欣赏完全是因为其光芒耀眼的体色，如果把这高雅的黄色底和激情四射的火红喷点嫁接到蛇纹七彩静谧的水蓝色条纹之上，会是怎样让人心跳加速的景象呢？

事实证明，这些繁殖家的想法是成功的：通过这样的杂交，一种新型的七彩神仙鱼——红点蛇七彩神仙鱼应运而生！两种鱼的光彩汇集在一条鱼的身上，交相呼应，红点绿原本细腻、集中的红点在这里可以变得粗大、豪放，而红色的条纹游走

红点蛇七彩神仙鱼

特殊色彩蛇纹七彩神仙鱼

于背部、额头，表现得汪洋恣肆、流水行云；同时蛇纹七彩的纹路作为底色更是有无穷的变化，纹路可纤细可粗长，更可以是网纹状的，等等，这样搭配就会产生很多未知的奇特变化。加上利用了绿七彩基因的颜色特征，尤其是黄、绿色来弥补蛇纹七彩神仙鱼原本有些灰暗的浅蓝色，令红点蛇七彩的颜色更加饱满。

4．豹点七彩神仙系列

（1）豹纹、豹点七彩神仙

豹纹、豹点，当然从名字来说是两种鱼，但事实上这是一脉相承的两兄弟，不过顺序自然不能乱，先有豹纹，后有豹点。

追溯豹纹、豹点七彩神仙鱼的历史，我们又要再度提及施密特野生绿七彩双子星、香港繁殖家劳氏以及声名显赫的红点绿七彩。一如前面所说，绿系七彩虽然没有更多单独血统的培育鱼，但凭借其得天独厚的艳丽色彩在各种高端七彩神仙鱼中都有它的影子，而且是极其重要的部分。当年劳氏培育出震惊四座的红点绿七彩时，并不是每一拨子代都会长得那么"中规中矩"，其中有一些背部条纹十分连贯且体盘中央有断开的红点或者有圈纹表现，和其他幼鱼明显不太一样，被劳氏单独分离出来，称为WR19LS（Leopard Spotted，即豹纹斑点）。这种WR19LS可以说是豹纹的滥觞，但还并不是真正意义上的豹纹七彩。

豹点七彩神仙鱼

之后，将 WR19LS 与施密特红松石进行杂交，出现了十分神奇的 WR14，这才是可以被称为第一代的豹纹七彩。说到这里大家就明白了，因为和红松石七彩杂交过，所以这些七彩神仙鱼身上的条纹增多，称为"豹纹"，而之后又出现纹路断裂分成点状的，则称为"豹点"。这两种花色基本上没有稳固下来，两条种鱼产下后代中"豹纹""豹点"也许都有，只是数量比例不同，但从花色的变异程度来看，还是豹点七彩更加珍贵。

豹点七彩神仙鱼与其他七彩神仙鱼相比，是一种较为难养的鱼。首先，它的生长过程比一般的七彩神仙鱼慢，这应该是源于它绿系七彩的血统关系；其次，它对水质的要求特别高，水质稍有变异，鱼身就会发黑。也许初养这种鱼的爱好者隔三差五就会有"晴天被雷劈"的感觉——那就必须及时采取措施，调整水质。

豹点七彩神仙的另一个迷人之处自然是它变化多端的红点。这是由于绿系七彩神仙鱼体内存在着红色素细胞，这些细胞并不是平均散布的，有些鱼红色素多些，有的少些；有些容易显现，有些则隐藏不露。作为七彩神仙鱼的爱好者，饲养手法的提高就是想尽各种方法把这种红色素细胞诱发出来，而最终目的也就是让这些红斑表现得越多越好。

近年来随着豹点七彩的不断改良，我们对它的要求也越来越高，不仅要欣赏它的红点，同时对于它身上的绿色素的搭配也有了要求。如前文所述，豹点七彩的血统中是混有松石七彩的基因的，这就让它的底色出现了一点"状况"。本来红松石的亮蓝底色也是很漂亮的，但是和绿系七彩杂交过后，颜色淡了下去，变成略显蓝绿色的"灰蓝色"，这就太不理想了。于是人们开始专注豹点七彩的底色培养，希望通过定向提纯将原本绿系七彩的底色也表现出来。如今优秀的豹点七彩必须要拥有绿系七彩淡黄色的腹部，而体盘侧面则是以绿色为佳；当然，如果是十分清爽高雅的蓝色，也绝对不失为一条好鱼。有了这些色彩的搭配，丰满的红点和红纹耀眼突出，再加上一颗明亮如宝石般的红眼睛，就真的是让所有人都羡慕不已的好鱼了。

（2）豹蛇七彩神仙鱼

豹蛇，这个名字十分醒目地表明了这类鱼的血统：豹点和蛇纹。蛇纹是出现得比较晚的品种，而豹蛇品种的诞生比它还要晚。繁殖者对豹蛇的培育是有意识地进行的。蛇纹七彩的出现，尤其是它强大的遗传基因使得任何一种七彩神仙鱼与它进行杂交，都有可能产生新的品种。事实也是如此，蛇纹的细腻条纹使得豹点的"红点"变得更加细密、更加集中，一改往日豹点的粗豪风格而使其显现出一种高贵的典雅。

当然，豹蛇的培育是一个坚持不懈的努力过程，初期的鱼儿表现完全没有今天这么耀眼。由于两种鱼的血统撞击，不可避免地出现了底色浅淡、细点连成条纹等问题，但繁殖家们显然没有为此停滞不前，而是更加努力地提纯繁育，优化

豹蛇七彩神仙鱼

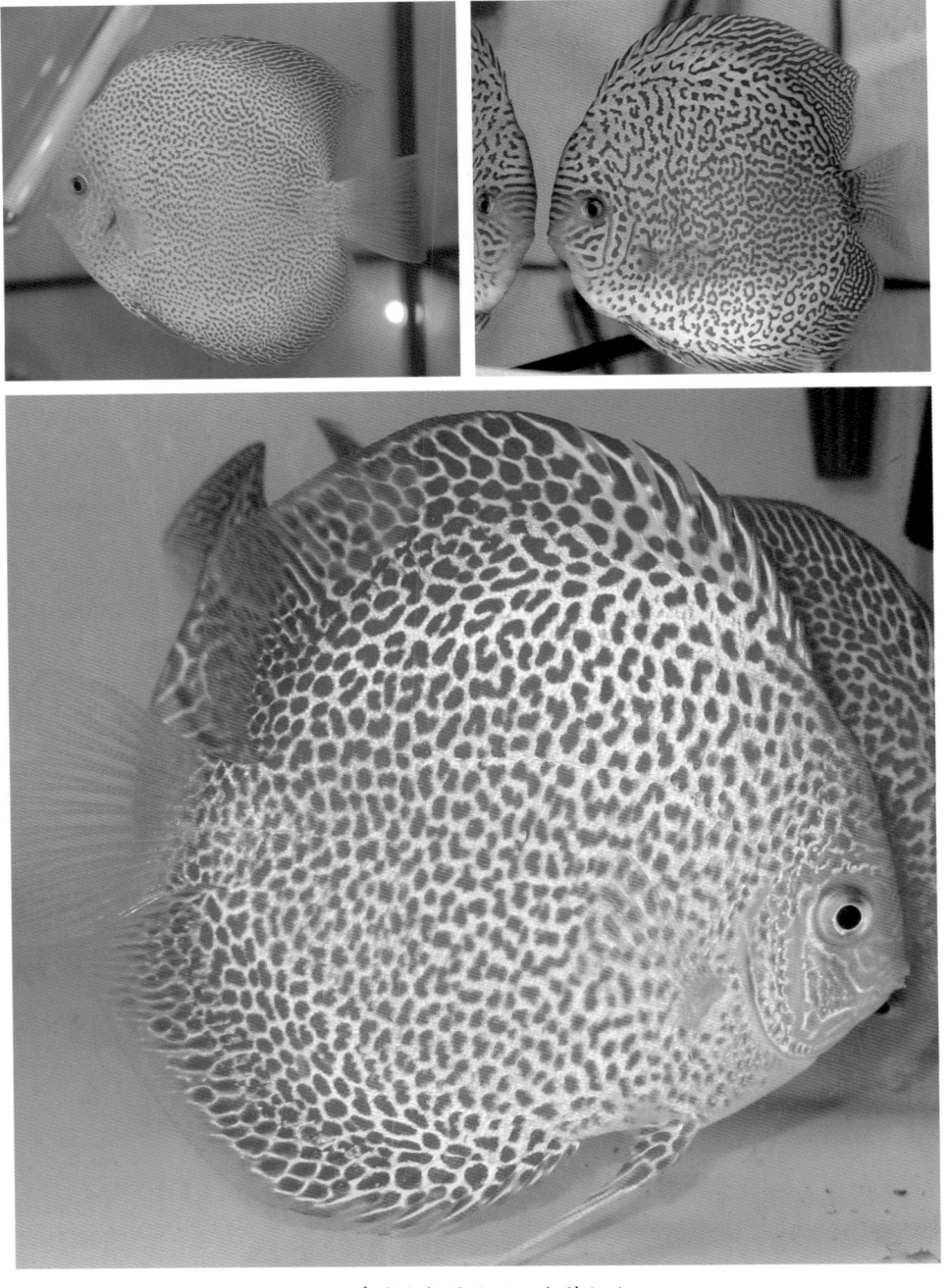

目前最流行的豹蛇七彩神仙鱼

品种，最终让真正的豹蛇品种横空出世！

　　一条优秀的豹蛇七彩，腹部的黄底十分明显，并伴之或淡蓝或淡绿的体色；当然，最动人心魄的还是那遍布全身、犹如红色的珍珠般的一身红点，此时的红点已不仅仅局限在体盘中央，而是从背鳍一路下拉到臀鳍，连以往大家已经"习以为常"的头背部的纹路都依次断开，"碎裂"成细腻的红点。而唯一能够让人们记起它身上蛇纹血统的，恐怕就是鳃盖上还留下的细线纹路。

　　如今的精品蛇纹七彩，不把红点洒遍全身简直就有"不及格"之嫌。这不仅让人感叹繁殖者呕心沥血的辛勤，更看到了七彩神仙鱼的"天道酬勤"，它的优化、精进永远给人以希望——只要孜孜以求地努力，它就会越来越向终极之美处前进。

5．鸽子七彩神仙鱼系列

（1）鸽子红七彩神仙鱼

英文名：Pigeon Blood Discus

体长：13 ～ 18 厘米　　体高：13 ～ 18 厘米

　　所谓的"鸽子红"指的并非是鱼体的颜色，而是特指鱼的眼睛。由于那种鲜红浓艳的眼睛，像极了一种被称为"鸽血红"的宝石，所以这种鱼被命名为"鸽子红"七彩神仙鱼。

　　鸽子红七彩神仙鱼于1991年面世，立即闻名全世界。它的诞生和很多了不起的七彩神仙鱼一样，也是源于意料之外的变异，而变异出鸽子红七彩的始祖，正是前面已经提及的蓝松石七彩。蓝松石七彩由于其弹性强大的基因，已经异化出很多独特的品种，鸽子红七彩便是其中之一。不要看鸽子红浑身红白相间的纹路就怀疑它和蓝松石七彩的关系，事实上，如果你仔细观察它的头部和背部略微闪烁出金属光泽的浅蓝色条纹，就会立刻释然了。

　　鸽子红七彩既然是蓝松石七彩异化出的品种，那么它本身出现的变异情况也是非常多的。在如今的七彩神仙鱼世界里，恐怕还没有哪一种鱼能像鸽子红七彩这样单凭自身就演变出如此多样的表现。例如，普通红白条纹的鸽子红七彩、红色纹路细腻的蛇纹鸽子七彩；如果白底上有大块的圆斑状分布则称为珍珠鸽子七彩，红纹

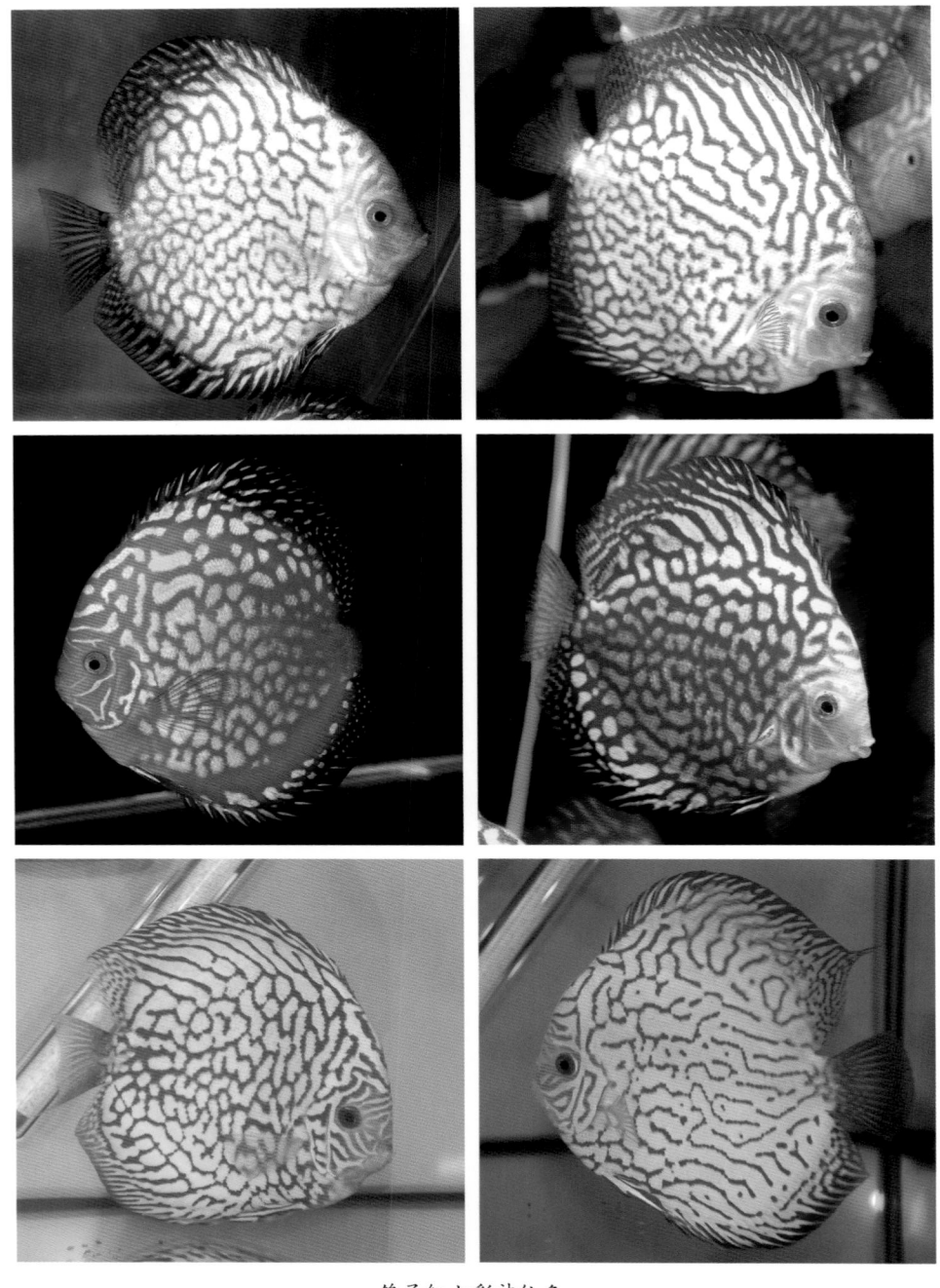

鸽子红七彩神仙鱼

呈不规则交叉网状且网格中央有明显红点的则称为棋盘鸽子七彩；此外，还有白底鲜明、红斑于体盘中央呈喷点状的红点鸽子七彩，红斑大块分布的红斑鸽子七彩，以及遍布清晰乱纹的图腾鸽子七彩，等等。总之，我们在其他七彩神仙鱼品系上见到的纹样似乎总是可以在红鸽子七彩身上或多或少地复制出来。

鸽子红七彩神仙鱼的优点很多，它价格低廉，颜色动人，无论裸缸饲养还是配水草缸都极为适合。另外，它的发色大约在八个月时就已基本完全——这对于某些一年以上才能完全定型的品种来说已经很快了。唯一值得注意的是，鸽子七彩神仙鱼对水质比较敏感，动不动就会起一层黑纱，影响美观。如果想要考验自己"养功"的朋友，用一只鸽子七彩作为"试金石"是再合适不过的了。

（2）白鸽子七彩神仙鱼

鸽子七彩神仙鱼不仅有各种纹路繁复的变化，累代培育之间通过与其他七彩神仙鱼的杂交，亦得到了纯色系列的鸽子鱼，包括纯白色的白鸽子和纯红系列的几种鱼。后者我们放到后面去介绍，这里只讲讲纯白色的白鸽子七彩神仙鱼。

自从鸽子七彩的黑纱缺点表现出来后，对其改良就成为各路繁殖家心心念念的

白鸽子七彩神仙鱼

一件事情，其中在亚洲有一小批繁殖者从未间断努力，欲创造出完美纯白而没有黑纱的白鸽子七彩神仙鱼。经过长时间的不懈努力，终于白鸽子七彩神仙鱼于1995年首次在泰国问世。当时繁殖者是利用鸽子红七彩与海洋蓝七彩（是一种全蓝色的鱼种）交配出来的，后来改用无条纹无栋的纯蓝七彩配对，得到更少黑纱的白鸽子七彩。现在的白鸽子七彩是用天子蓝七彩与传统的鸽子红七彩交配，再经过数代筛选净化选育出来的。

6. 纯红色七彩神仙鱼系列

（1）鸽子系万宝路七彩神仙鱼

鸽子系七彩中最为人熟知的纯红七彩恐怕就是红艳无方的万宝路了。由于鸽子七彩多样的变异性，很多繁育家都想到了是否可以让它的红色覆盖全身，变成全红色的七彩神仙鱼。这个想法真的很大胆，因为要知道这可是随时会起一身黑纱的鸽子七彩。但似乎每一位七彩神仙鱼繁殖者都有一个梦想，即创造出并且是第一个创造出属于鸽子七彩的完美体系。万宝路七彩的原创者泰国的林亚头先生就是其中的一个。他当年拥有上千条鸽子红七彩，而大部分都是有条纹的，当时德国推出了

万宝路七彩神仙鱼

万宝路七彩神仙鱼

阿莲卡七彩的全红色鱼，中国香港创造出天子蓝七彩的全蓝色鱼，两者都是极受欢迎的鱼种。在这种背景下，林先生坚定了要去掉鸽子七彩身体上所有的图案、制造一条全红色且没有黑纱的完美鸽子七彩品种的想法。于是他开始了将鱼推至完美的尝试。

说起来简单，干起来难。创造历程艰难漫长，整个改良工程花上了数年时间。在选育过程中，林先生采用了条件较佳的鸽子红七彩，配上棕五彩，终于在1991年创造出万宝路红七彩神仙鱼。不过有一点是林亚头先生未估计到的，那就是头上的白色部分——歪打正着，由于白头与身上的红色形成强烈的红白对比，就好像万宝路烟盒上的红白颜色组合，由此而将此鱼命名为万宝路七彩神仙鱼。此鱼幼年时只显现出浅红色及通透的特点，未呈现鲜红色，但只要喂食足量的含有虾红素的饵料，成熟后就能表现出它独有的鲜艳红色。万宝路七彩神仙鱼由于色彩耀眼夺目，身上没有黑栋，加上鸽子七彩独有的血红色眼睛，非一般红鱼所能媲美，极受世界各地玩家欣赏。如果说它还有什么值得人们动心思去改良的地方，大概就是那个白色的头部，而事实也正是如此——1994年，经过各地繁殖者不懈的努力，全新一代的万宝路七彩去掉了白头，成为令人惊叹的全红色鱼!

（2）红妃七彩神仙鱼

红妃七彩简单来说就是万宝路七彩的继承者。当年的万宝路七彩盛极一时，除了全红的体盘以外，最大的"奇迹"就是它已经基本上屏蔽了鸽子七彩的起黑纱问题。不过就算如此，挑剔的繁殖家们还是觉得这种鱼红得不够纯、不够浓。举例来说，万宝路七彩的头部其实不是纯白色的，而是略微有一些发黄，那么如何才能让这些黄色褪去，得到一个真正雪白的头颅和更加纯净的红色鱼身呢？

繁殖者们于是又开始了新的努力：他们将野生的红系七彩与万宝路七彩杂交，首先让子代更红，然后经过多代净化，终于除去了原本的暗色调，成功创造出了清透的鲜红色七彩神仙鱼，这就是红妃七彩。

红妃七彩的魅力也许在繁殖家心中已经无可替代，"白色的鱼面，红宝石似的眼睛，全身为鲜红色，鱼额没有条纹，鱼身亦无黑纱，全身鲜红不带杂色，有如皮肤白皙的少女，披上鲜红的晚礼服，衬托出其高贵优雅的气质。"这正是创造出纯红系鸽子鱼的繁殖家林亚头先生对红妃七彩的描述，从这段话中我们已经可以感受到拥有这样的一条鱼是多么幸福的事情。而当凝聚了培育者们数年心血的鱼儿似水中仙子幽游在鱼缸中时，我们又有什么理由不去好好照顾它们呢？

（3）一片红七彩神仙鱼

一片红七彩确实鱼如其名，通身都是浓艳的红色。这种红色不似万宝路七彩或红妃七彩那样，给人以鲜艳明快的感觉，而是"不计后果"的浓艳，像凝结的鲜血那样深厚。同时它的额头和上、下两鳍的基部拥有强烈闪烁金属光芒的蓝绿色条纹，视觉感极其锐利。如此一条风格剽悍的七彩神仙鱼一扫人工培育品种温软华美的靡靡之风，更加体现出原始野生状态下七彩神仙鱼强悍的风貌。

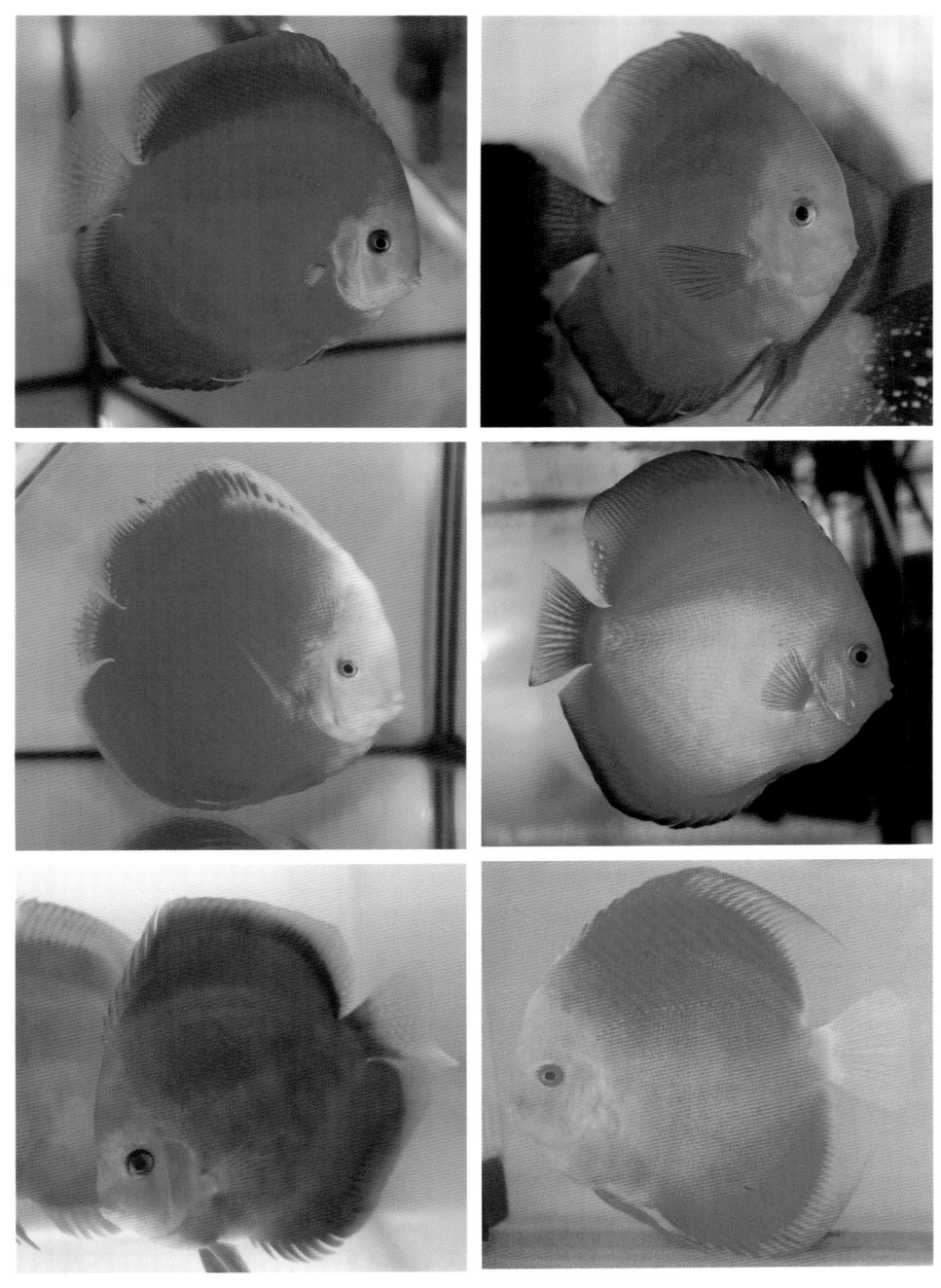

红妃和一片红七彩神仙鱼

7. 纯蓝色七彩神仙系列

（1）一片蓝七彩神仙鱼

纯蓝色七彩神仙鱼最早是由德国繁育家培养出来的，1985年左右定型。由于其体盘通体蓝色，称之为"一片蓝"。一片蓝七彩部分保留了"祖先"蓝松石七彩的痕迹，即在额头和鳃盖部分还是可以看见明显的条纹，上下鳍有时也会出现网纹。但这些条纹强烈闪烁着金属光泽，不但不影响美观，反而给饱满雄健的鱼身增添了几分威武。今天市场上的一片蓝七彩已经十分少见，其原因是我们之后要介绍的天子蓝七彩的出现。天子蓝七彩比一片蓝七彩"蓝"得还要彻底，头部和鳃盖上的花纹已不见，是真正意义上的纯蓝色七彩神仙鱼。正因为这个"纯"，使得天子蓝七彩出现在市场以后，短时间内受到热捧，风头盖过了一片蓝七彩，而后者便渐渐退出了人们的视野。

（2）天子蓝七彩神仙鱼

自从德国的一片蓝七彩问世之后，各地的繁育家争相引进，或量产繁殖或提纯改进，其中香港的劳氏在1990年前后培育出了纯度极高的蓝色系七彩。这类七彩退去了一片蓝七彩头部、鳃盖和上下鳍仅存的条纹，蓝色的纯度似乎已经达到"顶天"的级别，所以被命名为"天子蓝"。1996年天子蓝七彩神仙鱼正式呈现在人们面前，并荣获德国第一届世界七彩神仙鱼大赛蓝鱼组的冠军，从此名声大噪。

天子蓝七彩之所以能够"蓝"得如此彻底，源于它特殊的色泽基因。由于累代近亲繁育交配，鱼鳞表皮层的色素细胞中的蓝磷光色素蛋白发生变异，使得多余的黑色素细胞全部退去。当然，这种近亲繁育本质上来说是一种退化的表现，这也就使得天子蓝七彩的幼鱼在5厘米以前基本上没有色素显现，完全像一条透明鱼。这种颜色上的退化所带来的更深层问题就是鱼体本身比较娇弱，从它的饲养方法和其本身气质上都可以明显看到。

天子蓝七彩的基因虽然已经比较稳定，但表现上还存在着个体差异，最好的天子蓝七彩是有着晶莹剔透的红眼睛，体盘为近圆形或是高身的鸭蛋形。它的头部、面颊以及上下两鳍绝对不能有一丝花纹，同时延展至身体的各个角落包括上下两鳍的末端和尾鳍都是透明的蓝色。不过，对天子蓝颜色深浅依的喜好依地域的不同而

一片蓝七彩神仙鱼

天子蓝七彩神仙鱼

新品系天子蓝七彩神仙鱼

浅色天子蓝七彩神仙鱼（全金）

有所区别，如日本人喜欢浅色系，而中国人则更加偏爱深蓝色系。

事实上，单从个人的审美眼光来看，天子蓝七彩未必就一定比一片蓝七彩要优秀。一片蓝七彩躯体饱满、身形健硕，头部的蓝绿条纹金光四射，眼睛的红色也比天子蓝七彩要饱满。从整体品位上来看，天子蓝七彩若是娇柔纤弱的大家小姐，一片蓝七彩就是威风高傲的铁甲骑士。两种鱼本应不分伯仲，各有千秋，却因为大众的追风习气而使一片蓝七彩受到了"打击"，不免令人唏嘘。

8．黄金七彩神仙鱼系列

（1）黄金七彩神仙鱼

顾名思义，这是一种全身布满黄金色泽的七彩神仙鱼。这一品种刚一出现便形成了艳惊四座的声势，其华贵的金黄体色令不少爱好者为之心动。

黄金七彩的来源并无确实的考证，但人们大多认为其来源于野生棕七彩的变异。野生棕七彩由于体盘上没有条纹，色泽单一，所以极易成为某种纯色系统的变异来源。某一时间人们将野生棕七彩培育出了白化变异——注意这是白化变异而不是白色变异，也就是说去除了身体中的黑色素细胞，使鱼的体色变为黄色而眼睛变为红色，这样子就呈现出了一条金色的七彩神仙鱼，被称为"赤目阿莲卡"。

赤目阿莲卡是第一代被承认的黄化七彩鱼，相信这也就是黄金七彩神仙鱼系列的滥觞。对赤目阿莲卡继续培育，去掉背部多余的条纹，使得整个体盘完全呈现出金黄色，就是我们所说的黄金七彩神仙鱼。

黄金七彩神仙鱼

黄金七彩神仙鱼

黄金七彩神仙鱼的颜色是淡金黄色，鱼身呈透明状，眼为红色，全身完全无条纹，没有黑栋，没有黑环带及黑纱，只在头部有少许头线。鱼的上下鳍边缘呈现红色，是很美的鱼。同时，由于其源自野生棕七彩或是蓝纹七彩的血统，躯体可以长得很高大饱满，是一种颇有气势的观赏鱼。

小知识　　一般情况下，七彩神仙鱼身体出现色素缺失都会呈现金黄色或橘黄色。所以黄金七彩并不一定是阿莲卡七彩的后代，也可能是其他产地的蓝七彩或棕七彩，更有可能是人工培育品种的突变。不过，因为只有阿莲卡七彩的白化个体最好看，才被广泛保留下来，成为最流行的黄金七彩。

（2）黄金蛇纹七彩神仙鱼

黄金七彩神仙鱼美丽的体色使得人们忍不住要把它"嫁接"到其他鱼种的身上，因此黄金蛇纹、黄金鸽子、黄金豹点等七彩神仙鱼系列便应运而生。

首先是黄金蛇纹七彩。这是许多人梦寐以求的新七彩神仙鱼组合，是目前世界上非常流行的鱼种之一。最初繁殖者把蛇纹七彩配黄金七彩，但很多都失败了。直到1998年，一位业余爱好者把一条蓝蛇纹七彩配一条黄金七彩才真正成功地繁殖出黄金蛇纹七彩。

黄金七彩繁育最不易实现的一环是身上的条纹呈现，由于白色条纹很难在黄色底色中呈现出来，所以把蛇纹转到黄金的鱼体上，呈现度很低，第一代只有 20% 左右，第二代有 30% ～ 40%，且需要长至大约 8 厘米时，鱼体开始出现蛇纹。由于品种不稳定，在每群子鱼中都有很多没有表现出蛇纹特征。

（3）黄金鸽子七彩神仙鱼

现在的黄金七彩很多都会被繁殖者用来杂配黄鸽子七彩，以加强身体的黄色素。但鸽子七彩遗传性很强，所以配出来的鱼都带有鸽子七彩味道。用这种方法配出来的黄金七彩很容易辨别。子代身上多数带有黑纱，最明显的是在鱼嘴附近，上下鳍边凝聚黑色素，鱼尾也显现黑色。

用鸽子七彩和黄金七彩杂交，一个比较"亏"的地方是红色的眼睛不会再给人惊喜了，因为黄金七彩本身就是红眼睛。不过，鸽子七彩变化多端的纹路展现在金黄色的鱼体上，也确实令人心醉，极为吸引人。

（4）红点黄金七彩神仙鱼

红点黄金七彩是繁殖者将黄金七彩与野生绿七彩杂交而产生的新品种。红点由尾部开始，再延伸至鱼体中部。需要提醒的是，由于这是一个并不稳定的品种，所以不用指望它真的像皇室绿那样把红点搞得"万山红遍"，甚至可以说，点多点少都在其次，把红点鲜明地表现出来就已经算是很成功了。对于红点黄金七彩来说，红点绿七彩的遗传性不及黄金七彩强，红点的表现稍不留意就会被掩盖住，需要饲喂时用丰富的虾红素饵料来加强红点的凝聚能力。不过，对于以欣赏金黄底色的黄金系七彩来说，过多红色素的饲喂也会导致其底色变成橘黄，就有过犹不及之嫌了。所以既要求红点，又不能破坏鲜亮的黄金底色，这实在是一个极为考验"养功"的事情。

9. 其他变种

（1）魔鬼七彩神仙鱼

魔鬼七彩神仙鱼是由德国传入亚洲地区的一批闪光蓝松石七彩突变而来。其突变基因使身体缺少了一部分黑色素而导致整个体盘失去了原有的红蓝条纹，取而代之的是近乎透明的苍白肉色，仅有的色彩便是残存在上下两鳍上的蓝绿色条纹。

别看魔鬼七彩长得这么惨淡，但依然有个体差异的好、坏之分。一般认为，头部表现出奶黄色、眼睛上穿过黑色栋线的为佳，并且它有一个好听的名字——熊猫七彩。

这个特立独行的七彩品种虽说确实算不上好看，但对于人工培育七彩的历史却起着相当大的作用。其中一个原因就是它的体盘上完全没有黑栋，额头上也没有花纹，很多纯色系列的七彩神仙鱼就是利用和它杂交来去掉原本的栋线的。例如无栋红七彩和

魔鬼七彩神仙鱼

许多无头花的红七彩都是利用魔鬼七彩改良得到的。如果真的觉得饲养这样一条鱼能够彰显出鱼缸的个性，那么在挑选时要选体侧洁白无杂纹、额头黄色部分清晰亮丽、眼线淡化而有火红眼、上下隐隐闪着蓝光而无黑环框者。目前此鱼一直在被"配对"改良着，什么"金头金魔鬼""红玉""白玉""黄白"等，如果任由其发展下去，真说不定还会搞出一个千奇百怪的系统来。

（2）雪玉七彩神仙鱼

雪玉七彩神仙鱼是一个向人们展示了浑身洁白、毫无瑕疵的纯白色七彩品种。通体雪白的色泽使它看上去格外高雅安逸，这是众多爱好者希望将它引进到自己鱼缸中的主要原因。

雪玉七彩神仙鱼

雪玉七彩神仙鱼

　　雪玉七彩的出现同样源自人工繁育下的一次突变。1995年一位居住在马来西亚马六甲市、饲养五彩及七彩已有21年经验的罗拔先生，购买了10只野生综五彩的小鱼来饲养。这10只野生小鱼长大之后配对得到三对种鱼，其中一对种鱼所繁殖出来的仔鱼当中出现了几尾透明的个体，另外两对所产下的小鱼则没有这种现象。罗拔先生十分留心这些透明变异的仔鱼，悉心照顾，当这些近乎透明的小鱼长大后，就长成这种全身白色、就连眼睛也没有半点其他色素的白鱼，他将这些白鱼再次配对，所生出来的仔鱼就全部是小白鱼。

　　在1999年的新加坡水族展中，这种神奇的纯白色七彩在当时引起了广泛关注。现在许多人将其拿来交配黄金七彩、万宝路红七彩或是其他的全红七彩，培养出黄白七彩或红白七彩。但对于雪玉的爱好者来说，还是这种通身洁白的体色更加富有吸引力。

　　雪玉七彩现在已经十分流行，产量也颇高。挑选时唯一的标准就是白——越明亮越好，越洁白越好。同时雪玉七彩的体型也经过了改良，呈鸭蛋形的高立身雪玉更被视作雪玉七彩中的佳品。

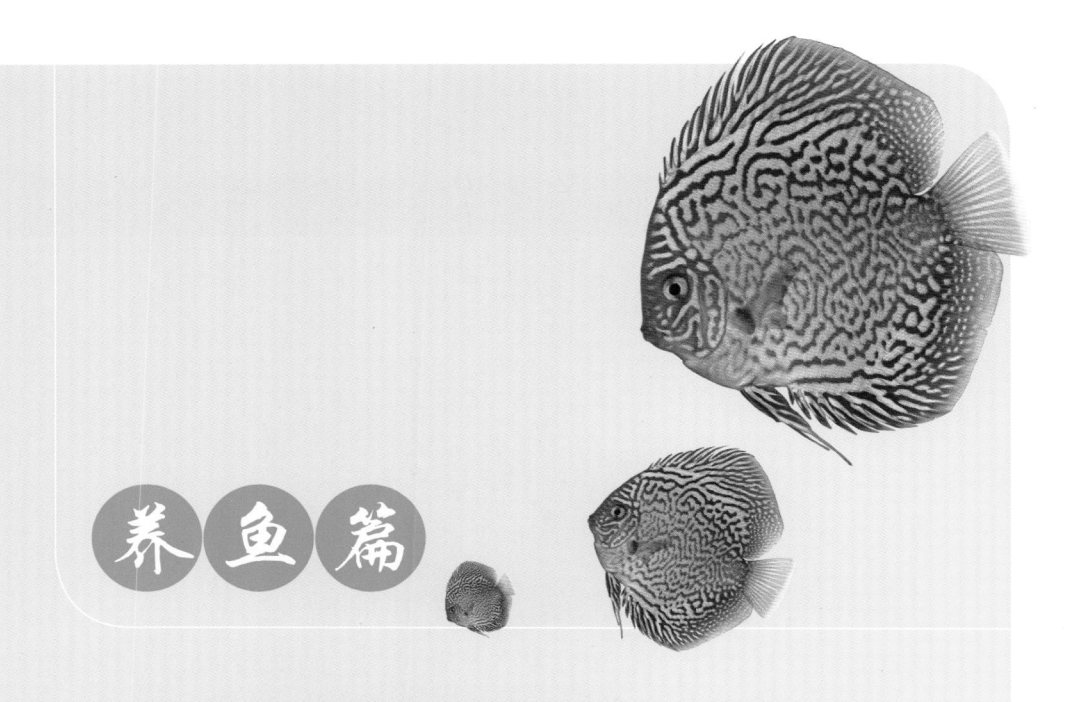

养鱼篇

　　七彩神仙鱼虽然美丽但并不好养，在所有热带观赏鱼中七彩神仙鱼算饲养难度最高的品种之一。饲养好七彩神仙鱼需要饲养者不断地学习和练习，平时注意观察，在喂食、换水等方面要付出比饲养其他鱼更多的劳动。

饲养七彩神仙鱼的水族箱

饲养前的准备

● 鱼缸及其配置

　　鱼缸是直观展现观赏鱼的容器，尤其对于七彩神仙鱼来说，各种鱼缸各有不同的用途。一般而言，对于七彩神仙鱼的爱好者，家中都是配置便于观赏的标准水族箱。这种水族箱的体积依饲养目标而定：如果是裸缸饲养，那么涉及单纯的换水环节满足鱼儿的生理需求就好，体积不用太大；如果需要造景，那么沉木、水草要占用大量面积，同时养草的底砂要占据一定的厚度，所以规格要适量扩大。一般而言，这种情况是"鱼跟着草走"，根据所选择水草需要的空间来选定鱼缸。如果还有进一步繁殖规划的爱好者，则一定注意繁殖用亲鱼需要的空间，要单独设置一个小鱼缸。

观赏用鱼缸，我们仅以裸缸举例，规格可以是（90×45×50）厘米、满缸水量约为200升。繁殖用亲鱼缸，（50×50×50）厘米或（60×60×60）厘米即可，满缸水量分别约为120升和210升。无论鱼缸大小，以方便管理为要。

鱼缸的附属配置包括气泵、过滤器、照明灯、加热器、背景纸、鱼缸架（柜）等。

气泵 气泵的作用不必多言。每个鱼缸至少要有1个充气砂头，很多人在砂头上罩上较大的人造海绵圈（所谓"生化绵"），增强过滤硝化功能，但事实上对于饲养七彩神仙鱼来说这一点装备是远远不够的，一定还要有完备的、扎实的过滤装备。

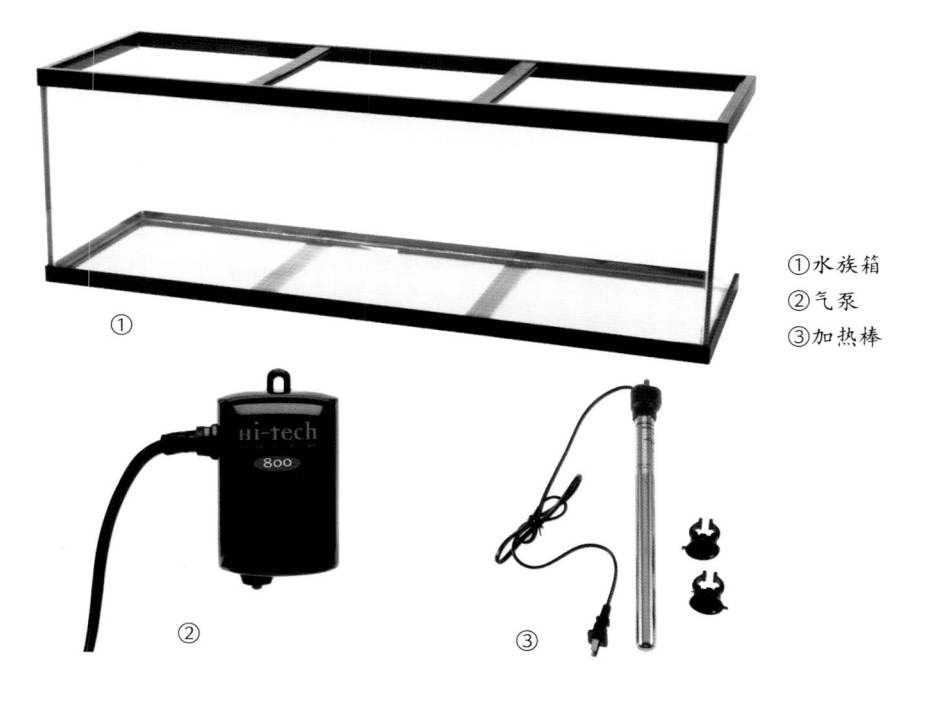

①水族箱
②气泵
③加热棒

过滤器　有内置式、外挂式、上部槽式或滴流过滤式，均有一定的功效，可根据自己的需要及资金状况选购。如果纯粹以观赏为目的，可以采用底部过滤自循环系统，能最大限度减少换水之类的维护工作，同时也有利于栽种水草、设置背景。

照明灯具　要求较简单，可根据自己的喜好选择合适的灯具。建议红色系七彩使用植物灯管、蓝色系七彩使用太阳光灯管，功率以 1 米缸 20 ～ 40W 的照明即可。为减少鱼儿因瞬间灯光开闭受惊吓，有人使用瓦数小的夜灯，如 5 ～ 7W 的节能灯。关大灯前打开小夜灯，开大灯后再关闭或不妨 24 小时点亮。

> **小知识**　灯光的演色性决定了人看到的色彩饱和度，演色性越高人眼识别的颜色越鲜艳。荧光灯是演色性最好的光源，金属卤化物灯、白炽灯、LED 灯的演色性都不如荧光灯。为了让七彩神仙鱼看上去更鲜艳，一般使用荧光灯作为照明设备。

加热器　现今多用电子控温的石英加热管，城市家居的室内鱼缸一般每升水体配置 1W 功率即可，没有供暖的较寒冷地区可考虑加大功率。需要指出的是，七彩神仙鱼的温度需求其实没有传言中的那么高，非要加热到 30℃ 才可以。30℃ 这个温度只有在鱼感染了感冒、肠炎等病症或是新鱼到来后为了稳定情绪时才需要。一般养定的七彩神仙鱼在 25 ～ 28℃ 的水温中才更加适宜。

背景纸　背景纸通常用于裸缸，在鱼缸的后面贴上背景纸，一是可以促进鱼儿发色，二是可以提升视觉观赏性。这种产品方便快捷又省去了对布景的照料，可以说是经济实惠。不过对于有自己想法而时间充裕的朋友来说，根据自己的爱好用真材实料的水草布置出景观，是更加考验"养功"同时更加有成就感的事情。

鱼缸架子　即安置鱼缸的平台，一般选择用低柜。如果鱼缸是外置过滤或是底部过滤系统的，一个低柜就可以很好地安置那些庞大繁杂的过滤设备，多余的空间还可以放置抄网、饲料、鱼药等日杂用品。选择低柜或架子的一个小要点就是注意它的高度。我们把鱼缸放在架子上面是为了观赏方便，所以如果我们坐在沙发上，可以平视到鱼缸侧面的话，这个高度就最合适了。

● 备水

七彩神仙鱼是较为娇贵的高级观赏鱼，对水质要求很高。一般情况下适宜水温为 25 ～ 28℃，水质为弱酸性（pH5.5 ～ 6.8）、碳酸钙含量不超过 50 毫克/升的软水，溶氧量应达到 5 毫克/升以上。但鱼儿经驯化也会适应人工提供的近似水质条件。饲养野生品种对水质要求更严，需要偏酸性的水（pH6.0 左右），因为它们原来就生存在腐殖质非常丰富的酸性软水水域。

城市民居一般都使用自来水。南方如广州的自来水基本符合饲养七彩神仙鱼的要求，只要经过曝气 24 小时以上即可使用；但繁殖用水要求较高，还需要经过软化处理。北方如北京的自来水水质偏硬，通常需要软化处理，可以通过加热煮沸后冷却来沉淀矿物质软化水性，现在也有了通过树脂滤析处理使硬水软化的设备，不过成本较高。其他如河水、井水、泉水等，需要检验、调整到符合七彩神仙鱼的需要方可使用。

有条件者还应备有贮水容器如水缸、大型水桶、水泥池等，备有足供换水需要的专用水。

准备好鱼缸，装备充氧、过滤、保温、照明等器材，注水，水质稳定，就可以引入缸里的主人——七彩神仙鱼了。

一天后可用　　　　　　三天后可用　　　　　10 小时后可用

新水处理示意图

出售中的七彩神仙鱼

七彩神仙鱼的选购与入缸

● 选购

七彩神仙鱼粗看起来似乎一个样，细辨之下差别可大了，不同品质的鱼，其价格相差也很大。所以选鱼时先要决定买高档鱼还是中低档鱼，野生种、杂交种还是选育纯种，然后在确定的档次里挑选精品，不至于被不同档次的鱼所干扰。不管是以观赏还是以繁殖生产为目的，仔细挑选总是没错。

选鱼时要注意以下几点。

1. 看形态

①体型：通常以圆为好，过于扁长的不要。

②眼睛：幼鱼眼睛一般选红色，但不必太苛求，只要眼睛有神采就行。眼膜白浊或是左右不对称、眼睛陷落的鱼肯定不能要。

③鳍与鳞：鱼鳍要伸展自如、完整无破损，背鳍要高耸，鳞片要光滑。鱼鳍不张、逆鳞或残缺者不能要。

2．看色纹

①不管什么色系，都要颜色鲜活、光彩夺目，不要买色泽暗淡者。

②根据每个品种的条纹特征来选择，特征越明显（条纹状要绵延连贯，喷点状要密集细腻）越好，纹理严重残缺或变形扭曲的不要。体侧有黑栋（竖条纹）的品种，应左右对称、粗细均匀。如黑格尔品系，需要第一、第五两条栋线格外粗黑醒目。其他品系，则九栋线较为原始（或说更接近野生）。栋线数目越多（如十四栋）说明人工培育的时间越长，同时体盘会越圆。

3．看状态

①体征：鱼身上没有白点、发黑等病态，鳃盖不外翻。否则不要。

②行为：鱼儿反应敏捷，在水体上层悠闲自得活动。往水族箱角落挤、侧身摩擦水中物体、浮水或沉水底不动、拖长丝状粪便的决不能要。

如果挑花了眼，不能确定要哪一尾了，也不用慌张。一般卖鱼人已经初步把鱼定好品级分别蓄养在各自品级的鱼缸里，所以如果信得过，可仅考虑健康问题即可。用手轻轻拨动水面，最先来抢食的鱼应该是更健康的个体。

太老的七彩神仙鱼

太小的七彩神仙鱼

水质平稳的水族箱

选购鱼后，应向卖鱼人询问鱼儿饲养技术要领，如适宜的水质、酸碱度（pH）、水温、饲料等。专业的鱼商会提供正确指导，如果是新手要多听取鱼商的意见，毕竟每一批鱼适应的条件都会多少有点差别，而出售的鱼是他店里稳定住的，所以店中鱼缸的各项数据一定是让鱼儿活得比较健康的重要指标。当然，建议不要在没有固定店铺的地摊鱼贩手中购买，除非你是对饲养观赏鱼已经颇有经验的爱好者。

● 入缸

新鱼到家后放入鱼缸，这个看似简单的步骤其实也有几个问题需要注意。如果掌握不好，会造成很大麻烦，甚至让鱼儿"出师未捷身先死"，整个养鱼计划就此画上"休止符"。新鱼入缸最重要的有三个步骤，分别是过水、捞鱼和检疫。

1. 过水

鱼儿拿回家，先不要急着往缸里放，找一个整理箱，里面兑满养好的水——即温度、酸碱度、硬度基本调试好并且充分曝气过的水。千万不要水还没养好就买鱼，那可就麻烦大了。将鱼袋放到整理箱水面上漂浮 10 分钟以上（如果是冬天从比较冷

兑水可以减少新环境对鱼的刺激

的室外将鱼购回，则还需要多泡一会儿），使袋内外水温平衡，目的是让鱼儿适应饲养者家里的水温环境。鱼袋泡好以后，我们就可以过水了。

七彩神仙鱼是比较娇贵的鱼类，不能直接倒进新水里，要让它有一个适应过程。做法是用一个小杯向塑料袋中舀两杯水，大约 5 分钟后再倒两杯，再接着泡……如此几番，往来数次，直至整个塑料袋都盛满了水，此时将水倒回整理箱一半，继续重复之前的工作。这期间为了使倒入鱼袋中的水氧气充足，整理箱里最好接一个泵头打气。如此操作三次，鱼儿便可适应新环境的水质，我们就可以捞鱼了。

2．捞鱼

捞鱼这么简单的动作还要拿出来说一遍吗？当然，对于普通观赏鱼来说，直接倒出来、用网子捞出来或是用手抓出来都没有问题，但七彩神仙鱼就不太一样了。倒出来还没有问题，但"大范围"用网子捞取，这就有问题了。

仔细观察七彩神仙鱼的体表，我们会发现有丰富的黏液，这些黏液都是七彩神仙鱼体表的营养物质分泌而形成的，如果贸然用手去抓或者用网子捞，都会大量刮掉这些黏液，而七彩神仙鱼为了补充这些损失的黏液，就又会大量分泌体表营养物

经常用渔网捕捞会给鱼带来较大伤害

质，这对于刚到新环境还没有稳定住状态的鱼儿来说，无疑是一个很大的负担。为了避免这种事情发生，这里推荐给大家一个快速便捷并且对鱼儿伤害比较小的捞取方法，很好玩也很实用。

具体动作就是两手掌心相对，摆出太极拳"抱球"的姿势，将鱼儿"扣"住，同时两手的食指和中指分开，上手夹住鱼背，下手夹住鱼腹，快速将鱼儿捧出水面、转移到目的地。如此操作，鱼儿不会乱动，同时最大程度减少了体表黏液的刮擦，一举两得。

3．检疫

这应该是新鱼入缸前最重要的一个步骤了。新来的七彩神仙鱼，无论之前是饲养在什么环境中，都会有感染或携带寄生虫及病菌的潜在危险。如果鱼缸中原来就有鱼，新旧鱼混养带去病菌，很容易成为传染病的病源——要知道，七彩神仙鱼是比较娇弱的鱼类，得病后很难治愈，所以防病是个关键步骤。

检疫防病说起来也不难，最简单就是将新到的七彩神仙鱼暂养在整理箱中，按剂量说明，下入黄粉等药物。头三日每日兑换 1/4 的新水（养好的水，或是已经养着鱼的鱼缸中的水），同时补充药剂使药物的浓度不变，第四日开始便只兑换新水不再添加药物。约一周后暂养箱中便基本已经是普通的养鱼水了，此时若鱼儿健康，可确定检疫结束，我们便可把美丽的七彩神仙鱼放入鱼缸中了。

七彩神仙鱼的饲养

● 水与食物

之前我们已经介绍了七彩神仙鱼的饲养容器和入缸前的准备，之后的饲养，水与食物自然是重中之重。

"养鱼先养水"是养鱼前辈总结出来的经验。引用到观赏鱼的微型生态系统中，特别是像七彩神仙鱼这样对水质要求严格的品种来说，更合适不过。可以说，"养活"一缸七彩神仙鱼不难，它也能适应一定程度的水质变化。要"养好"一缸七彩神仙鱼则难！保持水质的合适是非常重要的工作，前文"备水"部分所讲的是原则，养鱼者应灵活掌握，与"鱼友"多交流心得、积累经验，必能养出一缸出类拔萃的七彩神仙鱼来。

食物上来说，野生七彩神仙鱼的天然饵料为水生昆虫幼虫、小鱼虾及植物籽、叶等，水族箱饲养常用赤虫（血虫）、水蚯蚓、水蚤等活饵料和商品饲料（如各类七彩汉堡等）交替饲喂。各品系已经过多代驯化，更能适应人工饲养。饲喂遵循适可而止的原则，不要过饱是保护鱼儿健康的诀窍之一。

这里我们要特别提及饲养水温、水质及七彩神仙鱼最有名的人工饲料——所谓七彩汉堡的问题。

七彩神仙鱼非常喜欢吃红虫，但为了它们的健康，尽量少喂这种饵料

　　饲养七彩神仙鱼的朋友一般都会被告知两件事情：第一，水温要在30℃或者更高；第二，要勤换水。而事实上，野生环境中的七彩神仙鱼并不生存在那么高的水温中，它们主要栖息在水流相对静谧的类似于河边湖泊的水域中，水体更新也没有那么快——起码跟大河里相比，那是很慢很慢了。那么，既然生活在自然水域里的原生观赏鱼都不需要这样的频繁换水，我们的七彩神仙鱼何必要得到这特殊的照顾呢？

　　其实，所谓的高温养七彩，所谓的七彩汉堡，所谓的大量换水，都是一脉相承，相互串联的，有其特定的背景。

　　七彩汉堡这个东西被作为饲料，完全是商家出于七彩神仙鱼作为"商品"的属性而进行的销售行为。七彩神仙鱼的价位是论"个儿"来定的，七彩神仙鱼的体盘越大，卖得越贵。那么，如何给七彩神仙鱼催肥，让它尽快长大，既能卖个好价钱，又不用浪费太多时间呢？

在长期的实验中，商家发现了牛心这种原料——西方人一般是不吃动物内脏的，而用来作为其他动物的饲料，牛心就是这样节省出来的。这种原料来源广泛，蛋白质含量又高，用来喂鱼，尤其是幼年的七彩神仙鱼，有很好的短期催生长效果。于是这些动物内脏从此走上了鱼类饲料的道路，它们被干缩、粉碎、压制，最后罐装，称为牛心汉堡或七彩汉堡。

但是，牛心汉堡毕竟采用的是哺乳类动物的蛋白质，让天生以水生动物为饵料的鱼类来消化，势必带来一系列的问题。为了让鱼儿更快地消化饵料，就要升高水温，将原来生存在 25 ～ 28℃环境中的七彩神仙鱼移居到 30℃以上的水中。鱼儿在进食高蛋白含量的牛心汉堡时形成的许多渣子，在 30℃以上的高温中，势必成为

将原料切成小块

分别绞碎

将绞碎的各种原料搅拌到一起

分装到小盒里冷冻保存

汉堡饵料的制作方法

腐败细菌生长的温床，分解出极高含量的硝酸根与亚硝酸根，而这对于敏感脆弱的七彩神仙鱼来说，无疑是致命的。为了缓解这个问题，唯一的方法就是频繁地兑换清水——足量的清水。这就是所谓的"大换水"。

所以说，一切的缘由皆因为商业。

为了卖高价，所以用牛心；为了让牛心消化，所以用高温；高温造成了水体污染，所以要大换水。因此，我们在饲养七彩神仙鱼的过程中，要避免走进这个误区。饲喂简单易得的红虫、丰年虾，或是自己用鱼肉、螺旋藻等加工成"自制汉堡"，都可以让鱼儿长得很好，同时也不会陷入保持高温和大换水的额外烦恼中。

● **不同阶段七彩神仙鱼的饲养**

不同阶段的七彩神仙鱼，其养殖方式是有差异的。孵化出来需要吸收亲鱼黏液的称为仔鱼；开始用丰年虫或小水蚤饵料培育的幼苗称为幼鱼；通常出售的鱼种应达到 5 厘米，我们称之为小鱼；生长到 10 厘米称为中鱼；经过 1 年的饲养，鱼儿成长至 15 厘米左右，进入性成熟阶段，称为成鱼；经过择偶配对后，能够繁殖后代了，称为亲鱼。仔鱼和幼鱼的培育饲养，我们在后面繁殖章节里叙述，下面介绍小鱼阶段至成鱼阶段的饲养方法。

1．小鱼的饲养

放养条件：购进或者自己鱼缸里繁殖培育的 5 厘米左右的小鱼，可以集群饲养。通常 200 升水的鱼缸（100 厘米 ×50 厘米 ×50 厘米，八分水位），可以放养 30 尾小鱼，使用外部过滤，充气砂头加海棉套打气。

饲料和投喂：选用七彩神仙鱼专用成品饲料（如果是"汉堡"的话，如前所言我们要谨慎选择），辅以丰年虾、水蚯蚓等，暂时不喂赤虫。每天可投喂 3 次以上，以少量多餐为佳。如果喂食"汉堡"，宜先用刀子均匀地将"汉堡"块切细或剁泥后再投入鱼缸中，确保每条小鱼都能吃足饲料，15 分钟后清除未吃完的剩饵。

换水：每天 1 次，换水量 50% 以上。养鱼高手可以观察鱼的反应，适当减少换水频率和换水量。

2．中鱼的饲养

放养条件：10 厘米左右的鱼，200 升水的鱼缸只能放养 6 ～ 8 对，随着鱼儿的

成长逐渐减少密度。过滤条件如前。

饲料和投喂：每天喂食 2 ～ 3 次即可，各类合适的七彩神仙鱼饲料均可采用。有较多空闲时间也可以像前文饲养小鱼一样照顾，会有更好的效果。

换水：换水频率可保持每天 50% 以上换水量。熟练后可以观察鱼的反应，适当减少换水频率和换水量。

3．成鱼的饲养

达到成鱼时期的七彩神仙鱼越来越漂亮，体色变得绚丽多彩，这也是让我们感觉越来越有成就感的时刻，照顾鱼儿更是不能放松。一般饲养方法与中鱼大致相同，喂食和换水频率与饲养中鱼方法一样，但应更换大的鱼缸或者减少密度（200升缸 8 尾）。七彩神仙鱼饲养到成鱼阶段，我们就可以进行两个方向的选择：扬色和繁殖。前者突出鱼儿色泽的培养，力求养出光彩夺目的好鱼；后者注重选择配对亲鱼，用以繁殖培育下一代，以让自己的饲养功力和乐趣更进一层。当然，如果能够两者兼得，得到一条漂亮的种鱼就更妙了。

七彩神仙鱼的卵

七彩神仙鱼的繁殖

雄性七彩神仙鱼长到成鱼以后一但选择了自己的配偶，就会一生陪伴"她"，形影不离，一起觅食，一起游玩，一起和别的鱼打架，一起照顾"孩子"；尤其刚产完卵的一对七彩神仙鱼，小鱼孵化之后，会轮班照顾"孩子"，恩爱无比，让人羡慕不已。

七彩神仙鱼喜欢安静，天生胆小，但如果你或者其他鱼欺负雌鱼和"她们"的孩子，雄鱼会奋不顾身地冲到前面，有一种"冲冠一怒为红颜"的感觉。对于如此忠贞专一的七彩神仙鱼，它们的繁殖理应受到加倍的呵护。

● 繁殖前的准备

繁殖的鱼缸一般为八分容量约为 100 升的缸（60 厘米 ×45 厘米 ×45 厘米或 50 厘米 ×50 厘米 ×50 厘米），主要设备为充气砂头、滤棉、产卵板（市售瓦筒、PVC 管、墙砖均可）等。鱼缸和设备均需要清洁消毒，一般用高锰酸钾水溶液（20 毫克/升）浸泡 15 分钟后用清水清洗即可。准备好的鱼缸加入经曝气处理、软化过的备用水，pH 维持在 5.5 ～ 6.5，水温控制在 28℃左右，硬度 5 ～ 6dH。注意繁殖缸一般不使用吸水泵外置过滤，以避免仔鱼被吸走；同时，繁殖用的亲鱼需要安静的环境，所以也不能架设灯管。

● 亲鱼的培育

繁殖用的亲鱼，如果是野生七彩神仙鱼的话至少要生长到 2 周岁，人工培育的则稍微提前一点，那也大约要到 14 个月以后。亲鱼达到性成熟年龄后，若要繁殖，则需选择身体强健、色泽亮丽、没有身体畸形或缺陷、较温和而不太敏感的成鱼。一般一个小型水族箱或小号鱼缸里只放一对亲鱼即可，这样做有三个好处：①避免缸小鱼多密度过高而引起的不安和打斗；②可以准确地挑选好的亲鱼来定向交配繁殖；③卵不会被其他混养鱼吃掉。

七彩神仙鱼的雄鱼对爱情是有"追求"的，这也是许多繁殖者认为它比其他鱼类更有灵性的一个理由。如果一条雄性七彩神仙鱼不喜欢人类安排给它的配偶，那

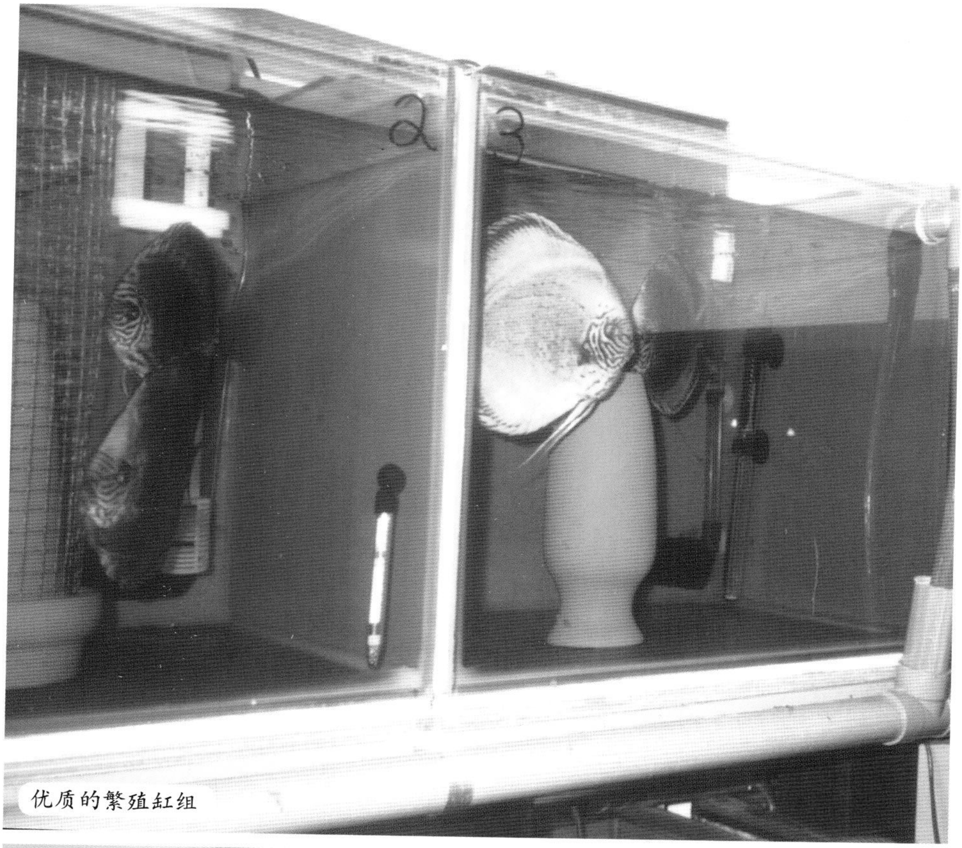

优质的繁殖缸组

鱼的配对和产卵钵

么它们真的不会结合！所以通常情况下，在一对种鱼之中人们会再加进去一条比较"丑"的雌鱼，通过对比来让雄鱼选择比较好看的那条进行交配。亲鱼一旦配对成功即非常认真负责地共同完成繁殖后代的使命，并且一般情况下都会白头偕老，非常让人羡慕。而如果是集群饲养在大缸中的七彩神仙鱼，如发现有鱼成双成对并占领地盘的现象，就说明它们已经自由配对，应捞出来放到繁殖用鱼缸中，每缸一对。

分辨七彩神仙鱼的雌雄需要一定经验，如果是长期饲养该鱼，特别是经历过繁殖的朋友则会有多种方法。比较直观的观察点是：雄鱼输精突孔（即肛门处突出的输精管先端）尖而细，头部较隆起，背鳍、尾鳍较大；雌鱼产卵突孔（即肛门处突出的输卵管先端）圆而粗，头部较圆润，背鳍、尾鳍较小。

● 产卵和孵化

亲鱼产卵前通常会用嘴清洁产卵板或瓦筒，还会互相碰尾调情，这一过程可能持续数小时甚至一天以上。雌鱼生殖突孔对着瓷板或瓦筒每次产出 10 ～ 50 粒卵子，雄鱼随即跟上排出精液使卵子受精，这样重复多次完成一个产卵过程，可产出数百粒卵子。然后亲鱼轮流照顾受精卵，对卵子附着区域用胸鳍扇动水流为胚胎提

产卵中的亲鱼

供新鲜水和保持清洁，确保后代健康成长。如遇入侵，通常亲鱼一尾守卫，一尾攻击敌人，保护产区安全。

鱼卵 2～3 天后开始孵化。正常仔鱼躯干平直，凭借卵黄囊脐部分泌物黏附在产卵板或产卵筒壁上，群集时往往会聚集成头内尾外的圆圈，状如菊花瓣的排列。亲鱼会用嘴衔掉下来的仔鱼送回壁上群体中，显示良好的护雏行为。比较有经验的亲鱼会吃掉没有孵化出来的废卵和多半是发育不良的仔鱼，但也有一些亲鱼特别是新产亲鱼会把孵出来的仔鱼统统吃掉。如果出现亲鱼吃仔鱼的情况，则应产后隔离。

● 仔鱼的培育

仔鱼腹部卵黄囊被吸收后（2～3 天）会开始游动，此时亲鱼会用嘴把仔鱼送到另一尾亲鱼身上，让其吸取亲鱼体表分泌物作为营养，状如哺乳。逐渐，仔鱼自己会游动附着到亲鱼身上，可以持续好多天以亲鱼分泌物为食。有时因环境条件不适、亲鱼缺少营养分泌物（无"奶"）或其他原因，仔鱼不能吸附到亲鱼身上，这时必须检测水质各项参数是否符合要求，及时调整。如果不是环境问题，则可能

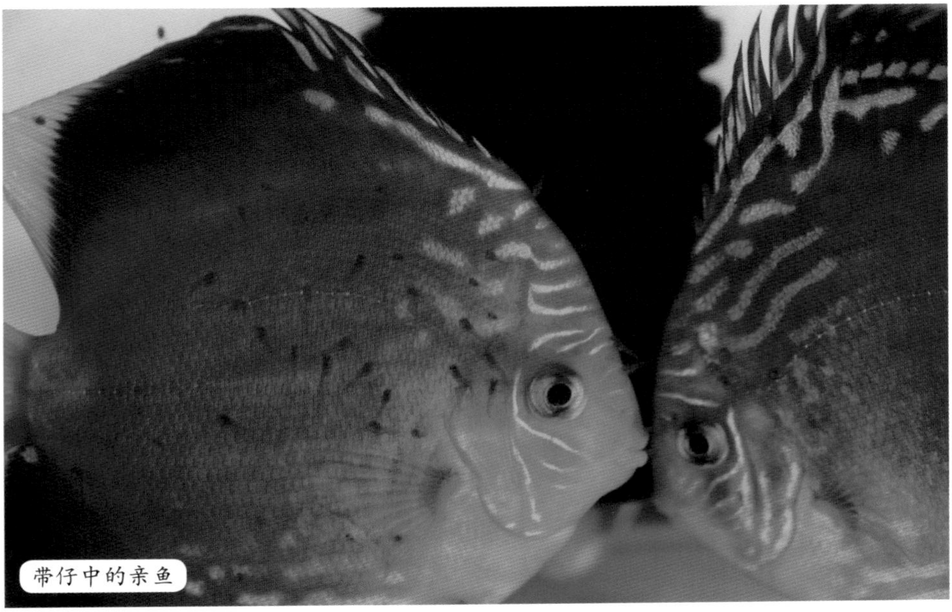

带仔中的亲鱼

"断奶"的幼鱼

是亲鱼问题——新产亲鱼不适应或者有不良习性。这时则应为仔鱼寻找一对"养父母"（能泌"奶"喂仔鱼者）替换原亲鱼。七彩神仙鱼能够建立义亲子关系，这在鱼类中是一种罕见的现象，也是其动人的原因之一。仔鱼由亲鱼哺育 5 天以上就可独立生活，这时可称为幼鱼。也有由亲鱼带领长达 1 个月的，时间长短应视亲鱼的健康状况、是否希望亲鱼多产以及是否能提供充足的幼鱼饵料来决定。

幼鱼"断奶"后可另行安置到一个较小的培养缸中，容积一般为（40×30×40）厘米或略大，水温控制在 30℃ 左右，特别需要注意水质 NO_2 浓度尽可能低，含量过高会使小鱼的鳃组织受损害。断奶的幼鱼已经可以主动摄食，饲喂可用丰年虫、无节幼虫或红虫。幼鱼的食物需求量较高，饲喂频率为每 3 小时喂 1 次，也可以延长投喂间隔，但每天至少喂食 4 次以上，以确保幼鱼成长良好。在喂食后 1 小时内，应该换水 1/2 以维持水质。这样喂养持续到幼鱼达 2 厘米以上，可以喂食切碎的七

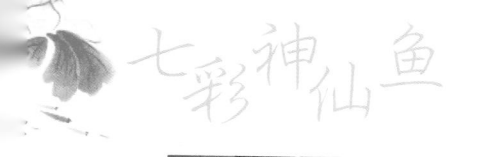

丰年虾的孵化

开始发色的幼鱼

彩汉堡，每天仍然要喂4餐以上，换水可减少为每天2次，每次2/3或3/4，直到幼鱼长成5厘米规格的小鱼。在一切顺利的情况下，幼鱼在2个月内可长大到5～6厘米。如果体形相差太多，则说明一些幼鱼是体质有问题的弱苗，应及早淘汰。

● **丰年虫卵的孵化**

　　在喂养幼鱼时多以丰年虫卵孵化的无节幼虫为饵料。可自己制作简易丰年虫卵孵化器：取2升装的可乐瓶1个，把底部剪开，瓶身两边各打1个小孔，穿绳子倒吊备用；在瓶盖正中打2个圆孔，其中1个连接通气胶管和小砂头，接上气泵用于通气；另一个孔连接引导管用于收集孵化的无节幼虫。加入1.5升1.5%～2%的盐水或海水，开通充气使盐水呈翻滚状态（注意气量过大会使盐水溢出），30℃温度下约1昼夜即可孵化出1克无节幼虫。待虫卵全部孵化，停止打气，聚光照明底部，诱使无节幼虫沉下，卵壳上浮于水面。打开引导管放出无节幼虫，再置入清水容器中，未孵化的虫卵会沉入底部，无节幼虫会漂浮于水中，可用胶管吸出无节幼

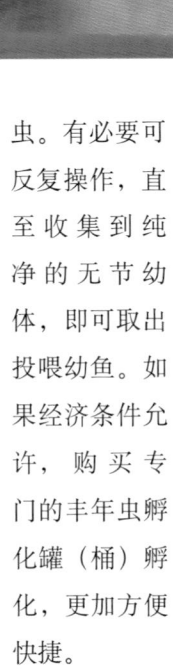

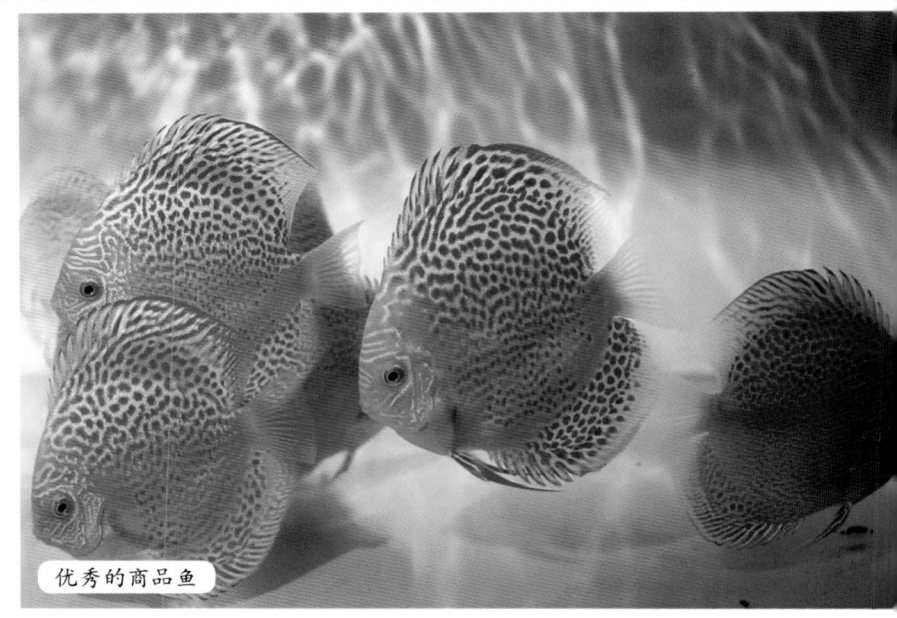

有规模的养殖场

虫。有必要可反复操作，直至收集到纯净的无节幼体，即可取出投喂幼鱼。如果经济条件允许，购买专门的丰年虫孵化罐（桶）孵化，更加方便快捷。

优秀的商品鱼

身体消瘦且颜色暗淡的病鱼

鱼病防治

　　饲养七彩神仙鱼当然担心鱼儿患病、不吃东西，甚至发生死鱼现象。预防是防止病害的不二法门，平时认真照料，贯彻防重于治的方针。预防方面有二：其一，因为饲喂鲜活饵料，难免不小心带入寄生虫，因此须不时利用市售专门药物防治体内寄生虫；其二，防治体外寄生虫有专门药物可买，或者用福尔马林溶液，100升的水族箱，加入 12 ～ 15 毫升药液，浸泡 30 ～ 45 分钟，换去一半或更多的原水即可。

　　细菌感染疾病需请行家确诊，对症下药，不可马虎。经过一些折腾，你如同经受了考验，以后你就能泰然处之，和你的鱼儿共同成长了。

　　七彩神仙鱼病害防治是一门专业性很强的学问，通常有外伤、病毒、细菌、真菌和寄生虫等感染途径造成的病害。外伤多源于运输或日常操作中的小失误，令鱼的体表受到伤害，只要操作小心、照料细致是可以避免的。病毒感染则会来势凶猛，还没有等饲主反应过来，娇弱的七彩神仙鱼就可能已经死亡。避免病毒伤害只能在日常饲养上下功夫，保持水质，科学饲喂，给鱼儿一个强健的体魄，提高自身免疫力。

● 细菌感染

嗜水气单胞菌、假单胞菌、柱状屈挠杆菌等为害较多。嗜水气单胞菌造成的主要病症为腹水、肠炎、败血症、竖鳞等，假单胞菌主要造成出血性皮炎、溃疡糜烂、烂鳍烂鳃等，柱状屈挠杆菌主要造成真皮坏死、掉鳞、出血、鳍条腐断等。这些细菌都属于革兰氏阴性菌，治疗一般采用市售杀菌剂，参照说明书处理。另外，多请教一下有经验的人必有好处。可用的抗菌药物有：金霉素，用于药饵为1%，药浴为10毫克/升；卡那霉素，用于药饵为0.1%，药浴为3毫克/升；土霉素，用于药饵为0.18%，药浴为5毫克/升。通常药浴时间为30分钟。

高密度饲养要谨防细菌感染

● 真菌感染

真菌感染主要为创伤的二次感染或孵化中的鱼卵受感染，病原通常为水霉菌，症状为鱼体患处长白色絮状被膜。治疗可用孔雀石绿药浴，浓度 1 毫克/升；亚甲基蓝 2～4 毫克/升。浸泡 20～30 分钟。

● 寄生虫感染

能感染七彩神仙鱼的寄生虫种类很多，主要有指环虫、三代虫、车轮虫、小瓜虫、口丝虫、六鞭毛虫等。指环虫喜欢寄生于鱼鳃；三代虫喜欢寄生于体表，以皮肤和血液为生，对鱼体危害很大；车轮虫寄生于体表和鳃，妨碍正常代谢，造成黏膜损伤、黏液分泌异常引起继发感染；小瓜虫造成白点病；口丝虫造成体表黏膜发炎，继发感染后因皮肤碎片和白色分泌物大片堆积形成所谓"白云病"；六鞭毛虫是肠道寄生虫，可能与多种继发感染炎症、腹水、肠炎等有关。

寄生虫的驱除通常使用甲醛或一些染料：孔雀石绿 0.5～1 毫克/升治真菌和非寄生原虫的寄生虫感染；亚甲基蓝 2～4 毫克/升药浴治寄生原虫类和三代虫；吖啶黄 0.1% 药饵可治疗六鞭毛虫感染，5～10 毫克/升浸泡治寄生原虫类和三代虫（注意药性较猛烈）。还有其他市售专用药物，使用时应遵照用药说明同时请教有经验的行家指导。

此外，曾经影响巨大的黑死病，其病因尚未弄清，估计是病毒在一定条件下发作造成。当然，防重于治的方针好过一切灵丹妙药。

各种鱼药

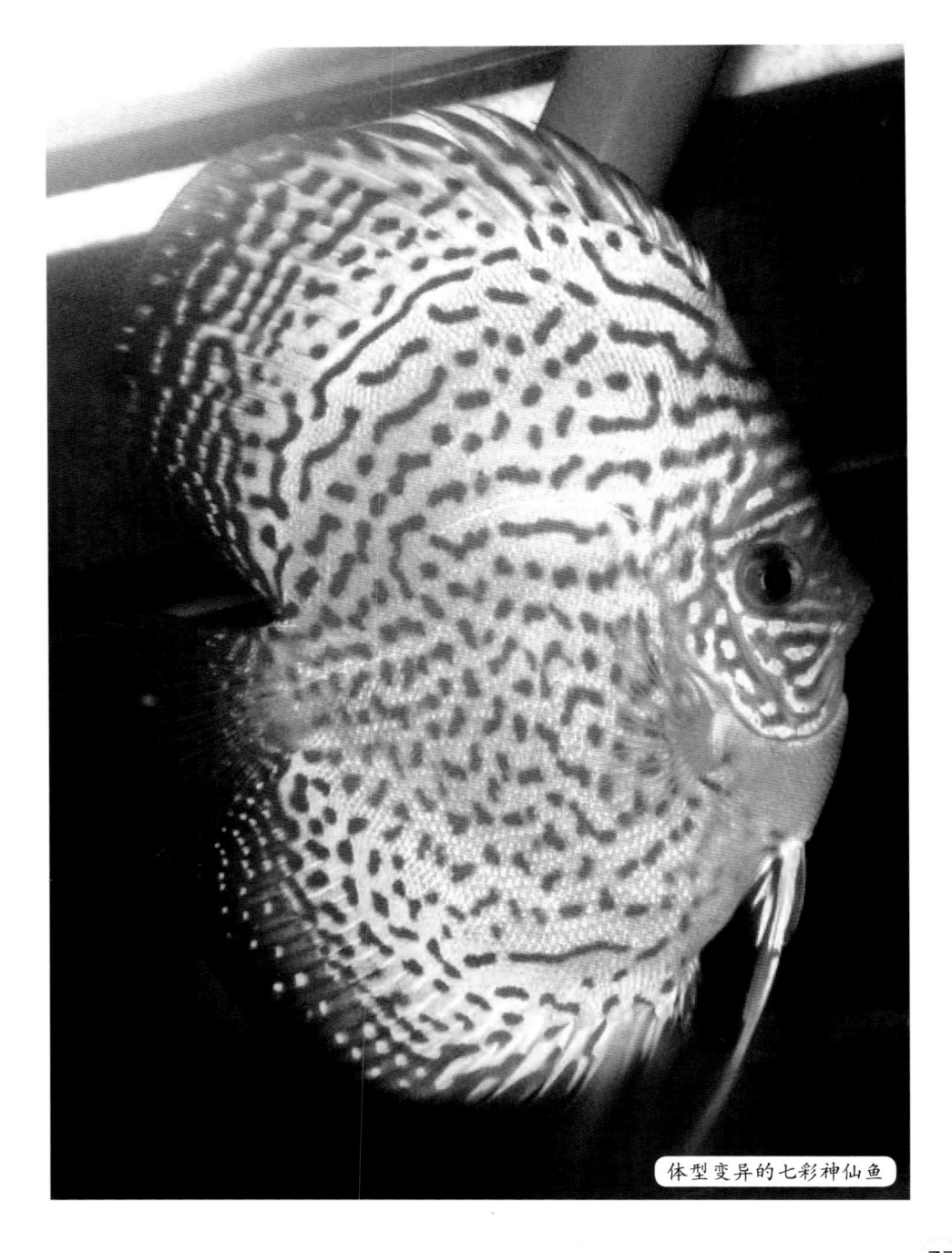

体型变异的七彩神仙鱼

赏鱼篇

　　七彩神仙鱼由于人工饲养历史较长，广受全世界观赏鱼爱好者喜爱。因此不论是东方还是西方，每年都会举办很多不同形式的七彩神仙鱼比赛。在欧洲，德国、比利时、荷兰都是经常举办七彩神仙鱼比赛的国家。

世界各地的七彩神仙鱼比赛是爱好者们交流的重要平台，也是人们发布自己培育的新品种的重要舞台

七彩神仙鱼的鉴赏

　　七彩神仙鱼由于人工饲养历史较长，广受全世界观赏鱼爱好者喜爱。因此不论是东方还是西方，每年都会举办很多不同形式的七彩神仙鱼比赛。在欧洲，德国、比利时、荷兰都是经常举办七彩神仙鱼比赛的国家。在亚洲，马来西亚、新加坡和我国台湾地区也每年都有不同规模的七彩神仙鱼比赛。另外，我国的广东、上海等地也组织过七彩神仙鱼大赛。七彩神仙鱼比赛，为广大的爱好者提供了交流的平台，同时经过几十年来的不断总结，七彩神仙鱼的比赛评审标准已经非常系统和细致，并且得到了国际上大多数国家业者的认同。

　　七彩神仙鱼评审标准一般分成三个部分：整体印象、体型、花纹与色彩。在这三部分中，最后一部分要根据七彩神仙鱼的品种来进行考量。在一些特殊花色出现的时候，还会有加分的可能。

通常按花色不同将七彩神仙鱼分成：红点绿组、豹点蛇组、鸽子红组、全红组、全蓝组、松石组、白化组、野生组和自由组等。

● 健康美

不论对哪一组鱼的鉴赏都离不开参考统一的总括印象标准，进行第一个单元的评选。

健康美包括：①对鱼的总括印象，看看鱼是否优雅美丽且迷人；② 鱼的整体表现，判断鱼是否健康、有精神，呼吸徐缓，悠然自在。

● 形象美

形象美主要是对鱼的形状与外貌的评分，一般单色鱼形态这部分所占的分值较高，而花纹鱼和斑点鱼则更重视花色。

七彩神仙鱼是具有圆盘状奇特身形的鱼类。而实际上，越圆的鱼体也越好看，所得的分数也越高。但体型的圆与不圆，因为评委仁者见仁，智者见智，各有自己的观点。

这部分的鉴赏内容包括鱼的身体大小、身体形状、身高与身长比例以及和谐性。是否圆形、躯体对称性及肥厚度，上半身与下半身是否同等厚度，身体左右是

大赛中获奖的全红七彩神仙鱼

大赛中获奖的豹点七彩神仙鱼

否对称，体表是否平滑，头及颚下部的圆弧是否顺畅完整无凸凹，鳃盖是否完整平顺无缺损，上下鱼鳍是否硕大形美，鳍缘平顺、弧度圆缓，胸尾鳍是否清晰、棘条是否平直，鱼鳍是否对称，鱼身平衡感是否良好，等等，都是考量的指标。

众所周知，野生七彩神仙鱼一般是椭圆体型，与展开的鱼鳍一起看时，才能体现出圆身形。在国际评审规则里，体型一项是特别以身体比例和身体协调性来审评的。

● 花色美

花色美这一项比较复杂，要根据不同品种的鱼制定不同的评审标准。这里只能介绍一些主要品种对花形和色彩的鉴赏标准。

1.红松石七彩神仙鱼

红松石七彩神仙鱼的鉴赏要求是线条清晰不间断。如果是粗条纹，红蓝宽度比例要均衡，蓝绿线条色泽要浓郁发亮与红色形成强烈对比；如果是细条纹，红色纹路好像一颗颗的鳞片就更好一些。有的红松石鱼有黄喉咙，使得红底色更显明亮，同时要眼睛红、腹鳍的红蓝纹路中红色要占 60% 以上才算完美。另外，红松石七彩并没有失去蓝松石魁梧的身材，体型大且圆的个体更受到追捧。红松石七彩的有些繁殖者并没有完全追求红色，少数另辟蹊径的繁殖家主动改变了红松石七彩身体的底色，使其黄化，得出新品种，出现难得一见的金黄松石七彩神仙鱼。

2. 蓝松石七彩神仙鱼

优秀的蓝松石七彩神仙鱼，是以蓝色基调为主要欣赏点的，其颜色组合应该只有蓝色或蓝绿色条纹，并且要求条纹工整不断裂，最好蓝绿线条能有强烈的重金属反光，腹鳍蓝绿纹路最好蓝色占 80% 以上。底色则无论黄色还是棕色都需要饱满、鲜明地表现出来，不能暗淡无光，惨白得好像透明一样，那是营养不良的病态。最后，眼睛要红，越红越好，黄色甚至白色则为次品。

蓝松石七彩的欣赏价值非常高。在漫长的岁月中，养殖者把他们的审美观在这

优秀的蓝松石七彩神仙鱼

类鱼的身上发挥得淋漓尽致，亮丽的色彩，高耸的身躯，高高的鳍，硕大的体格，一副威猛的感觉，是现今新颖鱼种难以媲美的。

蓝松石七彩在七彩神仙鱼的发展史上占有重要的一页，随着近年来人们对传统审美需求的回归，相信这个经典品种会更多地被人提及，而它还会有怎样的惊艳表现，也是值得人们耐心等待的。

3. 蛇纹七彩神仙鱼

蛇纹七彩神仙鱼的鉴赏要诀是鳃盖部分一定要有细微的纹路，全身也布满细纹，如果上下鳍也有细纹，那就更好了。优质的蛇纹七彩的纹路是不可以断的，而且一定要又细又密。

红点蛇七彩神仙鱼非常漂亮，但鉴赏红点蛇纹七彩需要耐心，因为很多这样花

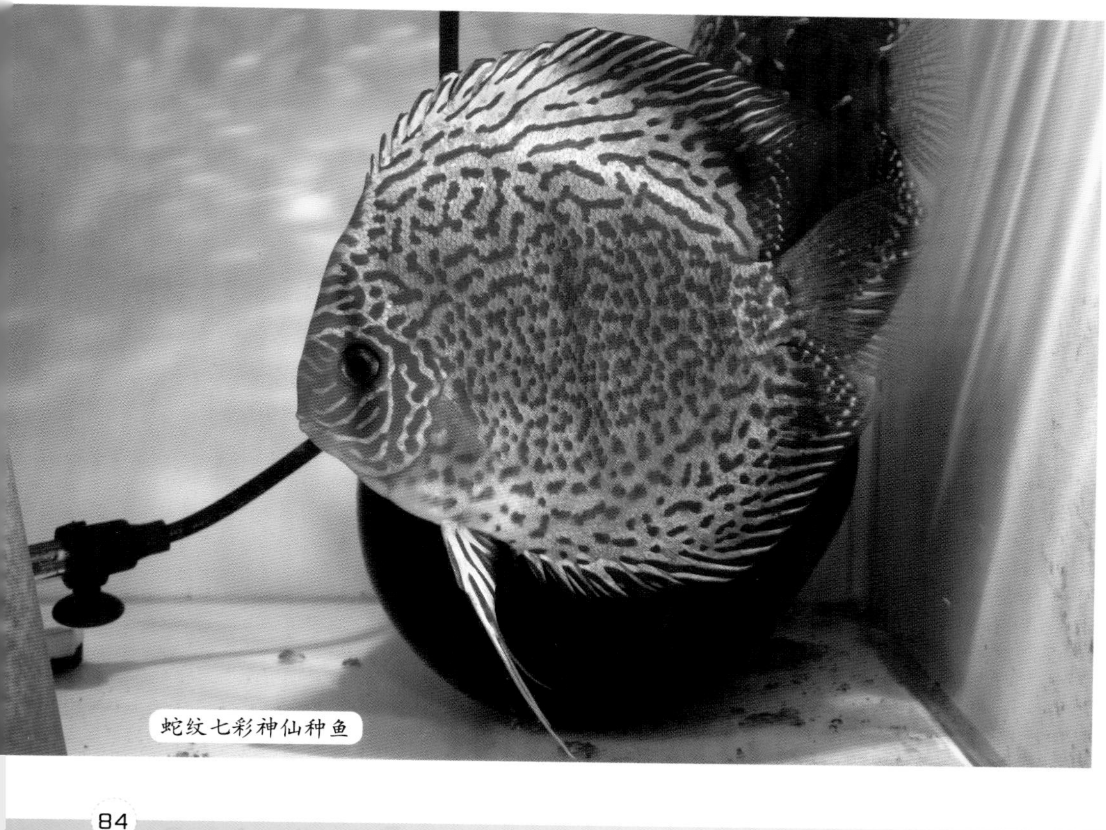

蛇纹七彩神仙种鱼

大赛中获奖的鸽子红七彩神仙鱼

纹繁复的七彩神仙鱼并不是天生就这么漂亮。一般要饲养到八个月甚至一年以上的成熟阶段才会展现出真正的美丽。而在小鱼时，它们身上的花纹尚未稳定，纹路一直在变化中，直到完全成熟后，才能知道最后的模样。

4．鸽子七彩神仙鱼

鸽子七彩神仙鱼最值得骄傲的地方就是它的眼睛：鸽子七彩的红眼基因极其"强势"，与任何一种七彩神仙鱼杂交都能完美地保留下来。我们今天见到的杂交七彩神仙鱼，凡是用鸽子红七彩配出来的，必定有一双动人心魄的红眼睛。

5．白鸽子七彩神仙鱼

今天的白鸽子七彩神仙鱼已经可以在幼鱼时就达到全身雪白，遗传率接近百分之百。顶级的白鸽子七彩神仙鱼除了身体要雪白外，鱼鳍部分也应该是纯白的，没有半点花纹，全身化成一片白色。